공학 커뮤니케이션

공학인을 위한 효과적인 커뮤니케이션 학습법

Engineering Communications

공학 커뮤니케이션

발행일 : 2009년 9월 7일 초판 1쇄
역　자 : 김학일, 김형순, 이 천, 탁용석, 한지영
발행인 : 김준호
발행처 : 한티미디어
총　괄 : 오성준
마케팅 : 임종민, 이재명
편　집 : 장혜미
관　리 : 전보라

등　록 : 제15-571호
주　소 : 서울시 마포구 연남동 570-20
전　화 : 02)332-7993~4
팩　스 : 02)332-7995
디자인 : 우일미디어
인　쇄 : 이산문화사
가　격 : 13,000원
홈페이지: www.hanteemedia.co.kr

ISBN : 978-89-6421-001-7　(93500)

공학 커뮤니케이션

공학인을 위한 효과적인 커뮤니케이션 학습법

Engineering Communications

김학일, 김형순, 이 천, 탁용석, 한지영 지음

한티미디어

저자소개

김학일

인하대학교 제어계측공학과 공학사
Purdue 대학교 전기컴퓨터공학과 공학박사
ISO/IEC JTC1/SC37 및 ITU-T/SG17 WP2/Q.9 전문위원
인하대학교 정보통신공학부 교수
hikim@inha.ac.kr

김형순

서울대학교 금속공학과 공학사
Imperial College (London 대학교) 재료과 공학박사
한국공학교육학회 부회장
인하대학교 신소재공학부 교수
kimhs@inha.ac.kr

이 천

한양대학교 전기공학과 공학사
오사카대학 전기공학과 공학박사
University of Texas at Dallas 방문교수
인하대학교 전기공학부 교수
chnlee@inha.ac.kr

탁용석

서울대학교 화학공학과 공학사
Iowa State Univ. 화학공학 박사
삼성전기(주)선임연구원
인하대학교 생명화학공학부 교수
ystak@inha.ac.kr

한지영

인하대학교 섬유공학 공학사
서울대학교 대학원 교육학 박사
미네소타 주립대학 공학교육 Post-Doc.
인하대학교 공학교육혁신센터 연구교수
hjyoung@inha.ac.kr

Preface

머리말

최근 대학교육과 관련하여 기업종사자와 대학교수를 대상으로 설문조사한 결과(조선일보 2009년 7월 24일)에 따르면 기업종사자가 뽑은 업무수행에 가장 필요한 핵심역량과 대학교수가 뽑은 가장 중요하게 길러져야 할 핵심역량 7개 항목 중 각각 3, 4위로 논리적 사고력을 강조했다. 대학뿐만 아니라 기업에서도 학생의 논리적 사고력을 위해서 토론하고 대화하면서 각자 글을 써서 의견을 제시하는 교육이 필요함을 강조하고 있다. 한편 전국의 많은 공과대학에서는 공학인증제를 채택하고 학생들에게 프로젝트 중심의 수업, 팀별 토의 및 팀워크 활성화를 위한 다양한 방법들이 도입되어 운영되고 있다. 이러한 분위기는 공과대학 교육차원에서 커다란 변화임에 틀림없다.

실제 공학현장에서 성공적인 공학인 혹은 연구소 및 대학에서 훌륭한 과학기술자로 생존하기 위해서는 공과대학생들에게 커뮤니케이션 기술이 절대적으로 필요하다. 이런 상황에서 수년간 공학커뮤니케이션 관련 강의에 경험 있는 교수들의 역량을 모아 "공학커뮤니케이션"을 집필하여 공학인증제 관련 교재로 출간하게 되었다. 이 교재는 공과대학 학생을 대상으로 주당 2시간으로 진행되는 한 학기용 "공학커뮤니케이션" 강좌에 사용할 수 있게 하였다. 또한 이 교재 내용을 선별하여 4학년을 대상으로 개설되어 있는 졸업논문이나 캡스톤디자인 강좌 등에 보충교재로 사용할 수도 있을 것이다.

이 교재는 전체 5장으로 제1장 정보수집, 제2장 이공계 재학생을 위한 글쓰기, 제3장 취업과 실무를 위한 글쓰기, 제4장 회의진행법, 제5장 발표로 구성되어 있으며 각 장은 순서대로 김형순, 이천, 김학일, 한지영, 탁용석 교수가 집필하였다. 특히 내용의 전문성을 고려해서 제1장의 "자료검색과 자료이용"은 인하대학교 도서관의 이혜경 사서가 집필하였다. 또한 강의 편의를 위해 교수강의용 자료를 세작하였다. 이 책이 초판이므로 내용에 대해서 독자들의 솔직한 지적과 제언을 받고자 하며 필요한 경우, 저자소개에 있는 연락처를 활용하기 바란다.

마지막으로 이 책의 집필과정에서 교정 및 편집을 도와준 인하대학교 공학교육혁신센터의 김은정 씨에게 고마움을 표하고, 짧은 시간에 출판이 가능케 한 한티미디어 출판사 김준호 사장님과 편집부 여러분께 감사의 말씀을 드린다.

2009년 9월

저자 씀

Contents

차례

02 이공계 재학생을 위한 글쓰기

03 취업과 실무를 위한 글쓰기

04 회의진행법

05 발표

CHAPTER 01

정보수집: 논문, 특허 및 표절

지식에는 두 종류가 있다. 특정 주제에 대해 직접 알고 있는 경우, 그리고 특정 주제에 대한 지식을 어디서 찾아야 하는지 알고 있는 경우이다.

–Samuel Johnson

1 서론

과학기술 분야에서는 계획서, 보고서(리포트), 논문 등을 작성하여 타인에게 제출, 보고 또는 널리 알리는 것이 중요한 업무이다. 공학인증제에서도 학생들에게 글쓰기교육 프로그램을 강조하는 것이 이러한 이유에서이다. 어떠한 형태이든 글의 작성자에게는 먼저 정보수집으로 문헌조사가 필요하다. 그 조사결과를 근거로 작성자의 주장을 글로 전개할 수 있다. 글에서 작성자의 주장에 비약이 있거나 연구의 필요성이 충분히 언급되지 않았다면 서론에서 문헌조사가 충분히 되어 있지 않았다고 볼 수 있기 때문에 정보수집은 매우 중요하다.

대학생 또는 과학기술자들이 보고서 및 논문을 작성하는 경우에 출판 연구 부정행위에 대한 세심한 주의가 필요하다. 특히 최근에 야기되고 있는 논문표절에 대한 논란은 과학자의 논문작성에 대한 충분한 이해부족과 교육부재의 결과로 본다. 연구논문과 관련된 부정행위는 '위조', '변조', '표절', '중복게재' 등이 있다[1]. "표절"이라 하면 남의 글을 가져와서 자기의 것으로 하는 행위만을 생각하나, 자기의 이전 발표결과를 인용하지 않은 채 중복으로 사용하는 것도 표절(자기표절; 중복출판, 이중출판)로 간주한다. 이 장에서는 공학도들이 정보를 수집하는 방법과 인용을 올바르게 하는 방법을 소개한다.

1.1 리포트와 논문의 정의

- **리포트**: 어떤 주제에 대한 조사연구(실험, 문헌조사)에 관한 소논문 형식의 보고서를 말한다. 주어진 주제에 관한 관련문헌을 찾고, 도서, 잡지, 신문, web 자료 등에서 자료를 찾아야 한다. 또한 자료는 실험실에서 얻은 실험연구결과, 전산시스템을 이용해서 얻은 결과 및 다양한 형태로 실물자료, 영상자료, 녹음자료도 포함한다.
- **논문**: 과학자는 이전까지 없었던 새로운 내용을 공개적으로 알리는 글을 '논문'이라는 매개체(학위, 학술지 및 학술대회 논문)를 통해 발표하여 동료학자로부터 인정을 받는다. 학계에서 학술적인 가치란 독창적인 내용을 의미하는 것으로, 새로운 결과가 쌓여 학문의 발전이 이루어진다. 과학자들은 이렇게 발표된 논문을 새로운 연구결과를 습득하기 위해서 혹은 동일한 연구분야에 참여하기 위해서, 그 결과를 강의에 활용하기 위한 목적으로 또는 과학자들의 관심 대상을 파악하기 위해서 구독한다. 학부 졸업 시에 제출하는 졸업논문, 대학원 과정의 석 · 박사학위 논문도 여기에서 언급하는 논문의 범주에 포함된다.

2 자료검색과 자료이용

자료검색이나 과제 작성을 위해 대부분의 학생들은 도서관보다는 네이버와 같은 포털사이트나 구글 등의 검색엔진을 선호하고 있다. 현재 국내 주요 포털사이트는 지식검색이라는 이름으로 '해피캠퍼스', '누리미디어' 등의 민간지식 생산기관의 자료와 국회도서관, 국립중앙도서관 등의 국가기관에서 생산한 자료를 통합하여 검색할 수 있도록 서비스하고 있다. 이러한 포털사이트의 지식검색은 각 기관과의 연계서비스로 이루어지기 때문에 필요한 자료의 링크정보를 선택하면 제공기관의 홈페이지로 연계가 되며, 원문을 이용하기 위해서는 해당 기관의 정책에 따라 회원가입 과정이나 정보이용료를 지급해야 한다.

도서관 홈페이지에서 자료를 찾는 것이 어렵게 느껴지거나 자료조사의 초기 단계라면, 일상적으로 사용하는 단어나 구 형태로 검색할 수 있고 인터페이스가 익숙한 포털사이트의 검색이 도움이 될 수 있다. 그러나 민간기관에서 제공하는 자료일 경우 신뢰할 수 있는 저자가 작성한 것인지 반드시 검증해 보아야 한다. 또한 포털사이트에서 유료로 제공하고 있는 한국학술정보와 누리미디어 국내학회지 데이터베이스는 대부분의 대학도서관에서 구독하고 있으므로 소속기관의 홈페이지에서 무료로 이용할 수 있는지도 확인해 보아야 한다.

찾고자 하는 자료에 대한 서명, 저자, 출판사 등에 대한 정보를 알고 있을 때에는 소속기관 도서관이나 국가기관 (한국교육학술정보원, 한국과학기술정보연구원 등) 사이트를 통해 상세검색을 하는 것이 포털사이트를 이용하는 것 보다 효율적이다. 또한 필요한 경우 도서관 사서로 부터 도움을 얻거나, 문헌복사 서비스 등의 혜택을 받을 수도 있다. 자료 검색 과정을 요약하면 그림 1.1과 같다.

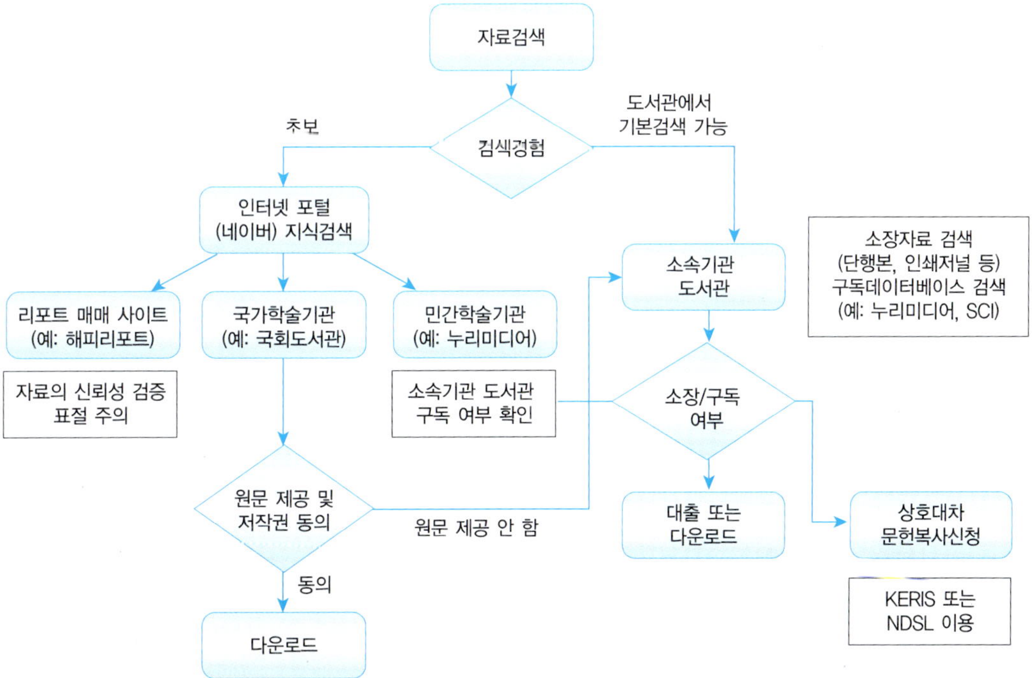

그림 1.1 • 자료검색 과정

2.1 과학문헌의 종류, 생산 및 배포과정

1) 과학문헌의 종류

일반적으로 과학 분야에서 이용될 수 있는 학술정보는 수록 내용의 가공 여부에 따라 1차 자료와 2차 자료로 구분된다. 1차 자료는 새로운 연구 결과나 발견 등 저자에 의해 발표되는 학술논문, 단행본, 보고서, 학술회의 자료, 특허 등이 있다. 2차 자료는 1차 자료의 내용을 저자, 서명, 키워드, 초록, 출판연도 등 관련된 서지 정보를 정리하여 1차 자료를 보다 널리 사용될 수 있게 한 목록, 색인, 초록 등의 검색도구로서 오늘날은 대부분 전자정보 형태로 이용할 수 있다[2, 3]. 1, 2차 자료를 세부적으로 소개하면 다음과 같다.

그림 1.2 • 단행본 사례: 기계공학개론

❶ 단행본(Book, 도서)

일반도서 중 특정 분야의 연구 내용을 집성한 것이나 기존의 연구 성과를 종합하여 저술한 것을 학술도서라 하며, 인쇄 형태뿐만 아니라 전자형태의 eBook으로도 출판된다. 일반적으로 단행본은 많은 연구의 결과를 인용하고 있기 때문에 이론적 배경과 체계적인 정보를 얻을 수 있으나 연구 성과가 단행본으로 간행되기까지 많은 시간이 소요되기 때문에 최신 정보를 얻기는 힘들다.

❷ 학술지(Journal, 학회지, 잡지)

학술지는 연구자들이 가장 많이 이용하는 자료로서 최근의 연구동향을 가장 신속하게 알 수 있는 정보원이다. 대부분의 연구자들은 연구 분야와 관련된 학회지에 논문을 투고하며 동료평가(peer review) 후 게재한다. 학술지는 대부분 학회에서 발행하지만 대학이나 연구기관, 상업출판사(Elsevier, Springer, Wiley 등)에서도 발행한다.

그림 1.3 • 학술지 사례: Nature 잡지 (http://www.nature.com)

③ 특허(Patent)

그림 1.4 • 특허 사례 (http://www.kipris.or.kr)

특허자료는 특허출원, 심사, 특허권 인정 등의 과정에서 발생한 것으로서 산업체나 연구기관에서 새로운 연구를 시작할 때 기본적으로 찾아보아야 한다. 현재 세계 대다수의 국가가 특허제도를 가지고 있으며, 특허자료를 효율적으로 검색하기 위해서는 이 제도에 대한 기본적인 이해가 필요하다.

④ 규격(Standard)

규격 또는 표준은 과학기술 연구의 재현을 가능하게 하고, 연구결과의 정확성, 신뢰성을 보장하기 위해 재료, 부품, 치수, 제조방법, 시험방법 등 제조에 필요한 모든 사항을 기술적으로 명확히 규정한 자료이다. 규격의 종류는 국제규격, 지역규격, 국가규격, 정부규격, 단체규격이 있다. 나라별 표준규격을 보면 우리나라는 KS, 일본은 JIS, 독일은 DIN, 미국은 ASTM, 세계표준규격은 ISO 등이 있다.

그림 1.5 • 국내표준규격(KS)

⑤ 레터지(Lctter)

레터는 선취권의 확보와 연구 성과의 신속한 공포를 목적으로 학술지에 정식으로 완성된 논문을 발표하기 전에 일부분이나 결론 부분만을 정리하여 학술지에 발표하는 것이다. 레터지는 연구자가 논문을 투고한 후 심사, 인쇄 등의 과정이 진행 중인 동안 연구에 대한 정보를 얻지 못하게 되는 출판상의 문제(publication gap)를 해결해 주고 있다. 또한 학술지에서도 단신(속보)의 논문을 출판한다. 레터지에 게재하는 논문은 단신, 속보라고도 한다.

그림 1.6 • 레터지 사례 (http://canesm1.kaist.ac.kr)

⑥ 출판 전 배포기사(Preprint)

출판 전 배포기사는 학술지 투고 전 혹은 투고 후에 연구기관이나 연구자에게 비공식

그림 1.7 • 출판 전 배포기사 사이트 (http://www.osti.gov/eprints)

적으로 배포되는 것으로 다른 연구자에게 피드백을 얻는 것과 선취권의 확보, 신속한 전달들을 목적으로 발행된다. 출판 전 배포기사는 공식적 출판물로서의 지위를 확보하기 전의 콘텐츠, 특히 출판 예정인 잡지에 제출된 논문을 지칭한다. 일반적으로 연구자들이 과학정보를 파악하는 초기 단계에 유용한 정보원이다. 해외에서는 오픈 액세스(open access) preprint 혹은 e-print 서버를 통하여 연구자에게 제공하고 있는 사이트도 있다.

⑦ 연구(기술)보고서(Research report, Technical report)

연구보고서는 정부나 기관이 위탁한 과제의 수행 결과를 보고하는 과정에서 생산되는 자료로서 연구개발보고서, 과학기술보고서, 연구보고서, 기술보고서 등 다양한 명칭으로 쓰이고 있다. 대부분의 연구보고서는 공식적인 출판 경로가 없어 소재 파악이 어려웠으나 그 가치가 높아지면서 각 기관에서 데이터베이스 작업을 하고 있고, 행정안전부 한국정보화진흥원에서 운영하는 국가지식포털(https://www.knowledge.go.kr)이나 한국과학기술정보연구원 NDSL 연구보고서(http://report.ndsl.kr) 사이트에서 통합하여 제공하고 있다.

그림 1.8 • 연구(기술)보고서 사례(http://news.taean.go.kr)

⑧ 학술회의자료(Conference proceedings)

학술회의자료는 국내외 학회/협회 연구자 회의에서 발표된 논문 및 관련 자료로서 연구 성과를 신속하게 제공해 준다. 학술회의자료(프로시딩지, 초록집)는 회의 후에 수정 보완되어 학술지에 발표되기도 하고 회의 자료로만 남기도 한다. 과거에는 학술회의 자료를 얻기가 어려웠으나 최근에는 전자정보 형태로 제공되는 학술회의자료가 증가하고 있기 때문에 보다 신속하고 쉽게 이용할 수 있다.

그림 1.9 • 국제학술지의 프로시딩지, 학술대회의 논문집 (http://www.springer.com)

⑨ 학위논문

학위논문은 석사학위나 박사학위 등 학위취득을 위한 연구논문이다. 과거 학위논문은 자료를 구하기가 어려워 회색문헌으로 취급되었다. 그러나, 현재는 각 대학(학위 수여기관)에서 저자의 동의를 얻은 후 디지털화하여 PDF 파일로 제공하고 있으며 국회도서관이나 한국교육학술정보원을 통해 국내 석 · 박사 학위논문을 검색할 수 있다. 특히 한국교육학술정보원 Riss4U에서는 해외에서 학위를 받은 국내 연구자의 박사학위 논문 정보도 제공하고 있다.

그림 1.10 • 학위논문

⑩ 목록/색인/초록(Catalog/Index/Abstract)

목록, 색인, 초록은 1차 자료를 효율적으로 찾을 수 있도록 일정한 기준으로 편집한 대표적인 2차 자료이다. 목록은 개개의 자료를 구분할 수 있는 서명, 저자, 출판사항 등의 서지 정보와 소장위치 정보를 수록하고 있으며, 색인은 주제명 색인, 저자명 색인 등의 부가 정보와 자료의 소재 정보를 제공하여 정보를 쉽게 찾을 수 있도록 도와주는 검색도구이다. 초록은 논문이나 연구보고서의 요약 정보를 제공하여 필요한 자료를 신속하게 선택할 수 있도록 해준다.

그림 1.11 • 목록/색인/초록

2) 과학문헌의 생산 및 배포 과정

연구자의 최초 아이디어는 연구 과정에서 다양한 형태의 자료로 생산되며, 이러한 자료는 비공식적 경로(연구자 대화, 토론, 회의) 또는 공식적 경로를 통해 유통된다. 오늘날 전자출판, 홈페이지를 통한 정보제공, 전자우편을 통한 자료 송수신 등은 과학문헌의 생산 및 배포 과정에도 영향을 주고 있다[4].

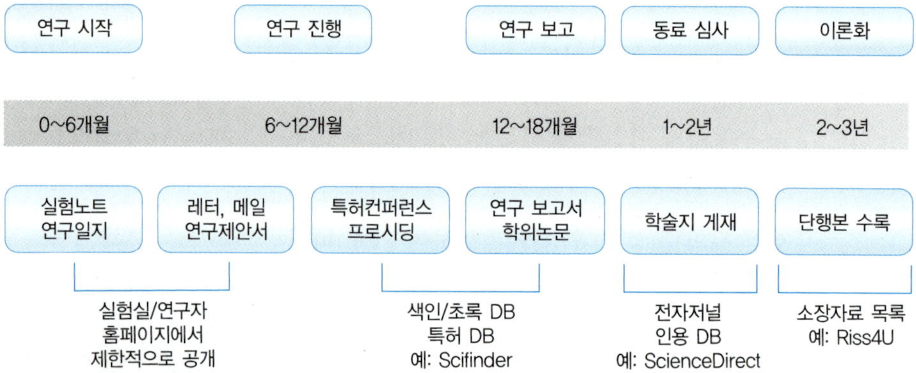

그림 1.12 • 과학문헌의 생산단계[4]

2.2 과학문헌 데이터베이스

IT 기술과 인터넷의 발전으로 과학문헌 상당 부분이 전자형태로 발행이 되고 있으며, 제공하는 자료의 내용에 따라 색인/초록(Index & Abstract), 전자저널(E-Journal), 전자책(eBook) 등으로 구분할 수 있다. 이러한 전자형태의 데이터베이스는 인쇄자료보다 정보의 갱신이 쉽고 신속하게 이루어지기 때문에 최신성을 유지할 수 있고, 동일한 출판사의 데이터베이스인 경우에는 소속기관의 구독환경에 따라 상호 링크 정보가 연결되어 있어 색인/초록/원문 이용이 편리해지고 있다.

1) 색인/초록 데이터베이스

색인/초록 데이터베이스는 웹 데이터베이스(Web DB)라는 용어로도 사용되며 학문 전 분야 또는 특정 분야의 자료에 대한 서지, 초록, 원문 등을 이용할 수 있다. 현재 우리나라 각 대학이나 연구기관에서 이용할 수 있는 주요 과학문헌 데이터베이스는 다음과 같다.

표 1.1 주요 과학문헌 데이터베이스

DB명	주제	제공	내용	형태연도
ACM	컴퓨터	컴퓨터공학 협회저널, 프로시딩	IAF	1950~
AIAA Meeting Paper	공학, 기술	항공우주협회 프로시딩 170여건	IAF	1963~
ARL	전 분야	ProQuest 주요 저널	IAF	1971~
ASP	전 분야	EBSCO 주요 저널	IAF	1887~
DII	과학, 공학	전 세계 특허 영문초록, 인용 정보	IAF	1963~
Engineering Village	과학, 공학	Compendex, Inspec 공학 포털	IA	1969~
ESDU	공학, 기술	기계, 토목 등의 검증된 데이터	F	최신
INSPEC	공학, 기술	물리, 전기/전자 등 응용과학 서지	IA	1969~
JCR	전 분야	Impact Factor 등 저널평가 정보	–	1997~
MathSciNet	자연과학	미국 수학회 발행 자료	IA	1940~
Metadex	공학, 기술	재료공학 분야 서지 정보	IA	1966~
PDU	전 분야	북미 유럽 석 · 박사학위논문	IAF	1861~
SCI	과학, 공학	Web of Science 과학 분야 인용, 색인	IAC	1900~
SciFinder	과학, 공학	특허원문, 과학문헌 서지, 인용 정보	IAC	1840~
Scopus	전 분야	Elsevier 인용, 색인 정보	IAC	1966~

주 1. 형태: I(색인, Index), A(초록, Abstract), F(원문, Fulltext), C(인용, Citation)
주 2. 위 표는 2008년 KERIS 해외전자정보 컨소시엄 세미나 자료집 참조

❶ SciFinder

- 제공: 미국화학회 산하기관 CAS(Chemical Abstracts Service)
- 제공연도: 1907~
- 제공형태: 서지 및 초록(Bibliography & Abstracts) * 특허 정보는 원문을 제공
- 주제분야: 과학 전반(화학, 생화학, 화학공학 분야 중심)
- 갱신주기: 매일 또는 매주(DB마다 상이)
- 접속주소: http://scifinder.cas.org

- 내용: SciFinder는 40,000여 개 학술지, 특허, 학회 프로시딩 등에서 2천4백만 건의 방대한 문서를 제공하며, 4개의 데이터베이스로 구성되어 있다.
  - ▷ Reference DB
    - CA PLUS: 공학, 물리학, 화학, 생물, 의학 관련 논문 서지정보와 특허 정보 제공
    - Medline: 미국국립도서관(NLM)에서 생성한 생물학, 의학 관련 서지정보 제공
  - ▷ Substance DB
    - CA Registry: 화학물질의 분자구조식, 화학적 분류명칭, 분자식 등의 정보를 담은 고유번호(CAS Registry Number) 제공
  - ▷ Reaction DB
    - CAS React: 화학 반응 검색 시 반응물, 생성물, 반응조건 관련 정보 제공
  - ▷ Specialized DB
    - CHEMLIST: 화합물에 대한 화학적 소스 정보 및 규제 정보 제공
    - CHEMCAT: 전 세계 900여 개 공급자의 1,000개의 Catalog 정보 제공
- 특징:
  - ▷ 서버/클라이언트 방식이었으나 2009년에 웹 버전이 출시되면서 2가지 방식을 모두 제공한다.
  - ▷ 서버/클라이언트 방식은 프로그램 설치 시 인증파일을 해당 디렉토리에 다운로드해야 하며, 웹 버전은 이용자 계정을 생성한 후 CSA로부터 인증을 받아야 한다.
  - ▷ 구독기관에 따라 동시접속자 제한이 있어 특정인이 사용 독점 시 다른 사람이 이용할 수 없다.
  - ▷ SciFinder는 서지와 초록을 제공하지만 소속기관(예: 대학, 연구소)에서 전자저널로 구독하고 있는 경우 해당 논문으로 직접 연결할 수 있는 링크정보가 제공된다.
  - ▷ 분자구조, 이름, 화학식 등의 화합물에 대한 정보를 CAS Registry를 통해 제공한다.

- 이용방법 :

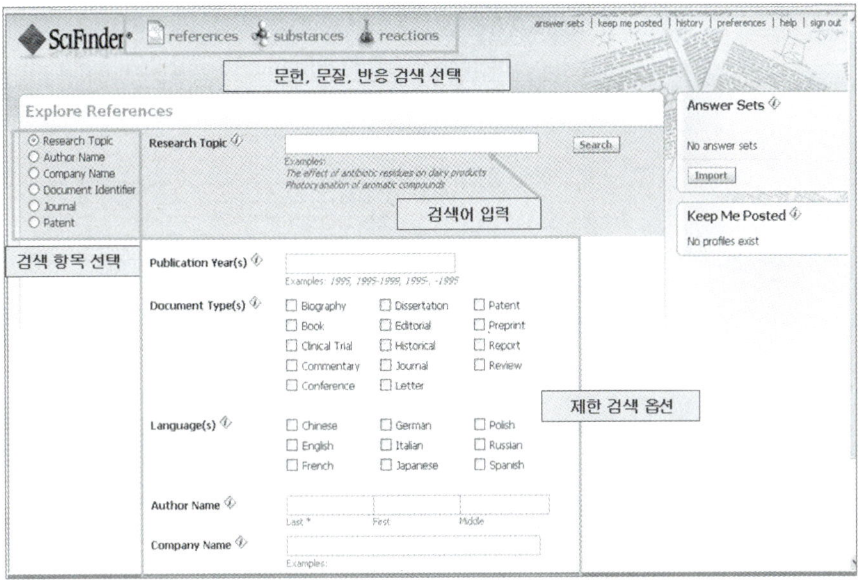

그림 1.13 • SciFinder 검색방법(웹 버전)

❷ CSA

- 제공: ProQuest
- 제공연도: 1962~(DB마다 상이)
- 제공형태: 색인 및 초록(Bibliography & Abstracts)
- 주제분야: 학문 전 분야
- 접속주소: http://www.csa.com
- 내용: Art & Humanities, Social Sciences, Natural Sciences, Technology 4개 분야의 약 100여 개 데이터베이스의 Collection으로 구성되어 있다. 콜렉션 중 대표적인 과학 분야 데이터베이스는 다음과 같다.
  - ▷ Materials Science Collection with METADEX(1966~): 철 금속, 비철 금속, 중합체, 세라믹, 플라스틱, 폴리머 등 재료공학 분야의 저널, 특허, 정부보고서, 회의록 자료 제공

* 하부 데이터베이스
— Aluminum Industry Abstracts
— Ceramic Abstracts/World Ceramic Abstracts
— Copper Data Center Database
— Corrosion Abstracts
— Engineered Materials Abstracts
— Metadex
— Weldasearch

▷ High Technology Research Database(1962~): 우주과학, 항공학, 우주 비행학, 천문학, 컴퓨터/전기공학, 커뮤니케이션 분야의 서지정보 및 NASA, 미 국가기관, 국제기구 등에서 발행한 보고서 제공

* 하부 데이터베이스
— Aerospace & High Technology
— Computer & Information Systems Abstracts
— Electronics & Communications Abstracts
— Solid State & Superconductivity

▷ Engineering Research Database(1966~): 기계, 기계역학, 운송공학, 지질학 관련 정보 제공

* 하부 데이터베이스
— ANTE(Abstracts in New Technologies and Engineering)
— Civil Engineering Abstracts
— Environmental Engineering Abstracts
— Mechanical & Transportation Engineering Abstracts
— Earthquake Engineering Abstracts

▷ Biological Aquatic & Environmental sciences: 생물학, 환경공학, 해양과학, 기상학, 수자원, 농학 관련 정보 제공

- 특징:
  - ▷ CSA는 여러 주제의 통합 데이터베이스로서 소속기관의 구독 환경에 따라 이용 가능한 데이터베이스가 달라질 수 있다.
  - ▷ 4개 분야의 Collection을 선택하거나 100여 개의 데이터베이스 중 원하는 것만 선택하여 검색할 수 있다.
  - ▷ CSA는 서지와 초록을 제공하지만 소속 기관(예: 대학, 연구소)에서 전자저널로 구독하고 있는 경우, 해당 논문으로 직접 연결할 수 있는 링크정보가 제공된다.
- 이용방법 :

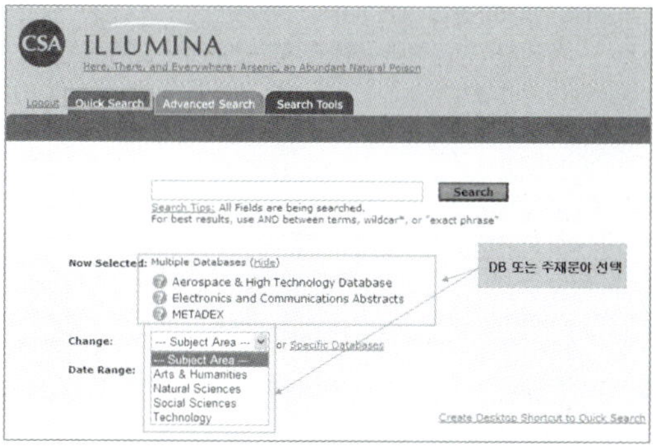

간략검색 화면

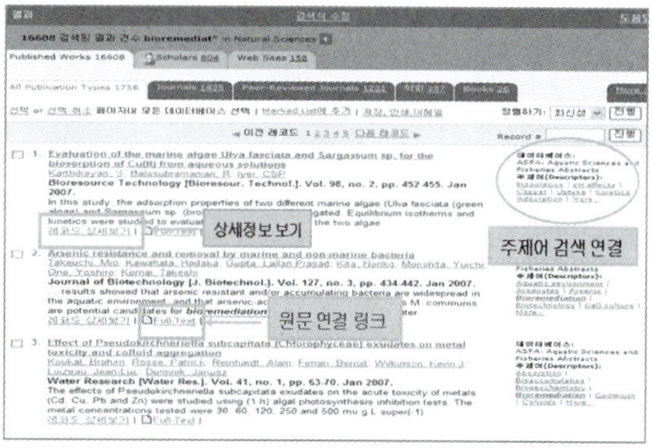

검색결과 화면

그림 1.14 • CSA 이용방법

❸ PubMed

- 제공: 미국국립의학도서관(NLM: National Library of Medicine) 산하 NCBI에서 제공
- 연도: 1966~(Old medline 1945~)
- 제공형태: 색인 및 초록(Bibliography & Abstracts)
- 주제분야: 생의학 분야
- 갱신주기: 매일

- 접속주소: http://www.ncbi.nlm.nih.gov/pubmed
- 특징:
  - ▷ PubMed는 서지와 초록만을 제공하지만 주요 출판사와의 원문 연결 정보가 제공된다.
  - ▷ 미국국립의학도서관에서 제공하는 무료 데이터베이스로서 누구나 쉽게 사이트에 접속할 수 있으나, 소속기관에서 제공하는 Pubmed 주소로 접속하면 원문 바로가기 서비스를 제공받을 수 있다.
  - ▷ MeSH(Medical Subject Headings) 검색을 통해 보다 정확한 검색을 할 수 있다.
- 이용방법:

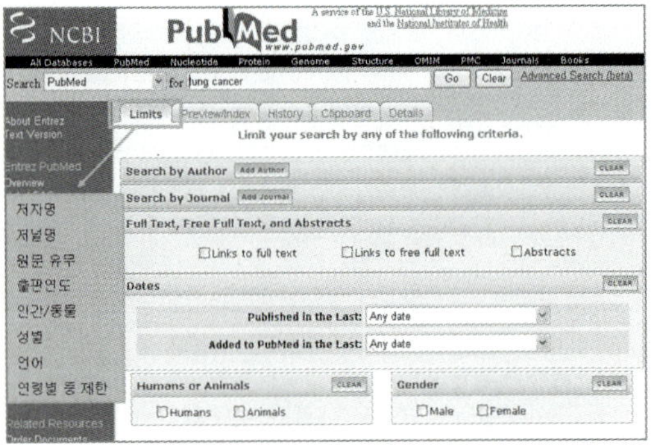

Limits 탭 항목을 이용하여 원하는 자료만 검색

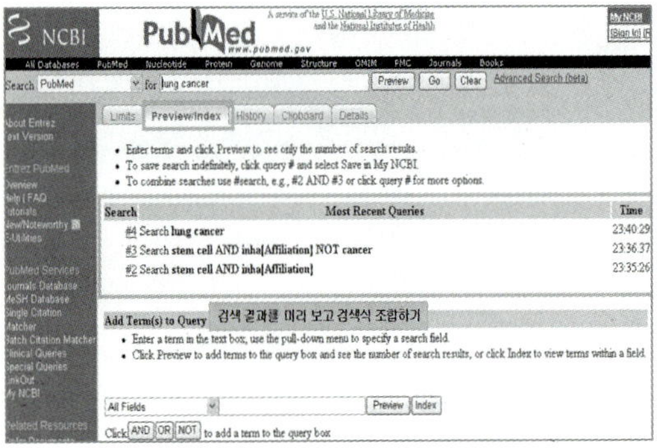

Preview/Index 탭을 이용하여 검색식 조합 및 미리보기

그림 1.15 • PubMed 이용방법

④ Scopus

- 제공: Elsevier 출판사(네덜란드)
- 연도: 초록(1966~), 인용정보(1996~)
- 제공형태: 색인, 초록, 인용(Bibliography, Abstracts, Citation)
- 주제분야: 전 학문 분야
- 갱신주기: 매일
- 접속주소: http://www.scopus.com

- 내용: 전 세계 4,000여 개의 출판사에서 출판하고 있는 과학, 기술, 의학, 사회과학 분야에 대한 15,000여 종 이상의 저널을 수록하고 있는 초록 인용 데이터베이스이다.
- 특징:
  - ▷ 웹 검색 엔진 SCIRUS를 통해 과학 기술 웹페이지와 미국 · 유럽 · 일본 특허청, 세계 지적 재산권 기구의 특허 검색을 동시에 할 수 있다.
  - ▷ 미국 특허(USPTO), 유럽 특허(EPO), 세계 지적 소유권 기구(WIPO), 일본 특허(JPO) 검색을 제공해준다.
  - ▷ SCIRUS 검색엔진을 통해 저널에 실린 논문뿐만 아니라 연구기관이나 연구자 사이트, 기술보고서 사이트, Pre-print 사이트, 기관 논문 사이트 등의 과학기술 관련 웹사이트도 동시에 검색해준다.
  - ▷ 연구자와 기관명 데이터베이스를 구축하여, 보다 정교한 연구자 또는 기관명 검색을 제공해준다.
  - ▷ The Scopus Citation Tracker를 이용하여 논문의 인용정보를 분석하고 연구동향, 연구자의 인용 동향 등을 파악해준다.
- 이용방법:

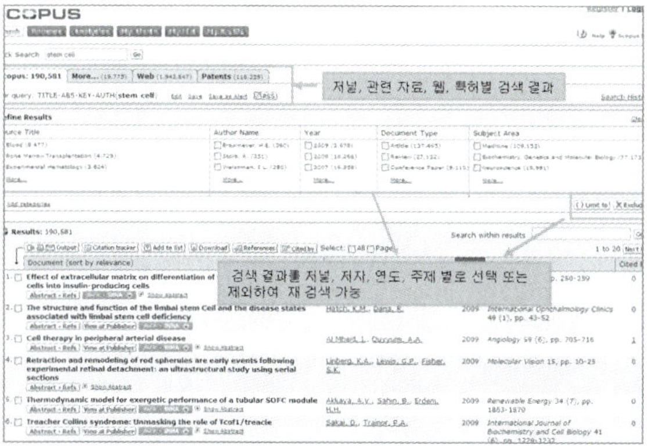

검색 화면

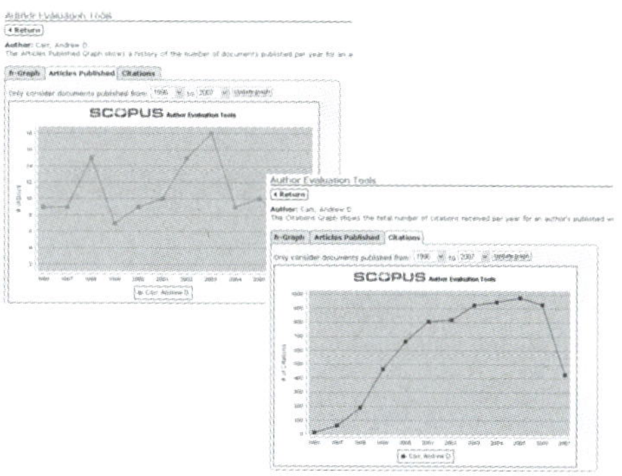

논문 인용 분석 화면

그림 1.16 • SCOPUS 이용방법

⑤ Web of Science

- 제공: ISI Thomson(미국)
- 연도: 초록(1966~), 인용정보(1996~)
- 제공형태: 색인, 초록, 인용(Bibliography, Abstracts, Citation)
- 주제분야: 전 학문 분야
- 갱신주기: 매주
- 내용: ISI Thomson에서 세계적으로 권위 있고 영향력 있는 저널 약 9,300여 종을 선정하여 개별 논문에 대한 초록 및 인용 정보를 제공한다.
  - ▷ 자연과학: SCIE(Science Citation Index Expanded) (1900~)
  - ▷ 사회과학: SSCI(Social Science Citation Index) (1956~)
  - ▷ 인문과학: A&HCI(Arts & Humanities Citation Index) (1975~)
- 특징:
  - ▷ 인용정보 탐색기능(Times cited, Reference, Related Record)을 통하여 관련 연구문헌을 파악할 수 있다.
  - ▷ 검색 결과를 학문주제별, 저널별, 저자별, 연구기관별, 논문발표 연도별로 선택하여 재검색할 수 있다.
  - ▷ 검색된 논문을 소속기관에서 구독하는 경우 원문 링크 정보를 제공해준다.
  - ▷ 소속기관의 구독조건에 따라 데이터베이스의 제공연도와 동시이용자 수가 달라진다.
  - ▷ 웹 환경에서 이용할 수 있는 자연과학분야 데이터베이스는 SCIE이고 SCI는 CD-ROM 형태로 발간된다.
  - ▷ Web of Science에 등재된 한국 학술지의 최신 목록은 ISI Thomson Korea 사이트 자료실에서 확인할 수 있다(http://www.thomsonscientific.co.kr).

- 이용방법:

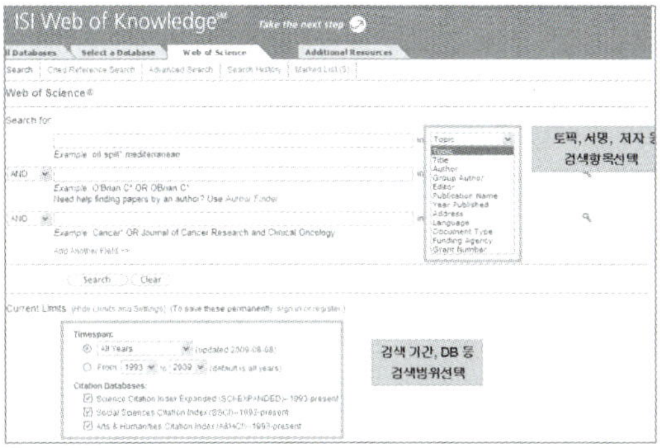

검색 화면

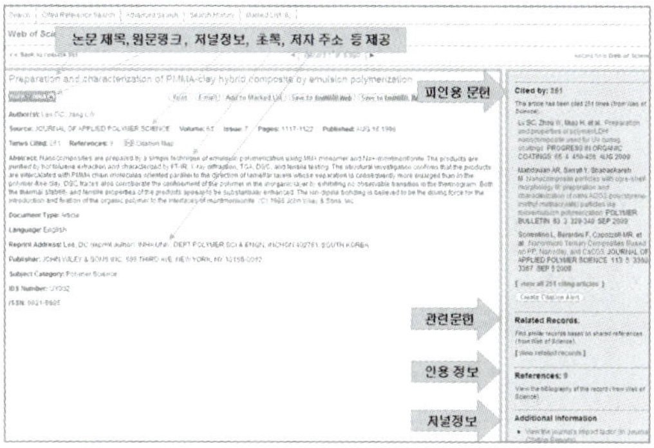

검색 결과 상세 화면

그림 1.17 • Web of Science

⑥ JCR(Journal Citation Reports)

- 제공: ISI Thomson
- 연도: 1997~
- 제공형태: 저널 정보(impact factor, immediacy index 등)
- 주제분야: 과학, 사회과학
- 갱신주기: 일 년(부정기적 갱신)
- 내용: ISI Thomson에서 색인을 하는 논문의 인용 정보를 기반으로, 저널간의 인용과 피인용 관계를 제공한다.
  - ▷ Science Edition: 저널 약 6,417종
    - — 농학, 생물학, 화학, 공학, 환경과학, 면역학, 재료과학, 수학, 물리학, 동물학 등
  - ▷ Social Science Edition: 저널 약 1,865종
    - — 인류학, 역사학, 경영학, 심리학, 범죄학, 운송, 사회과학, 경제학, 교육학 등
- 접속주소: www.isiknowledge.com

- 특징:
  - ▷ 저널 평가에 사용할 수 있는 영향력 지수(Impact Factor), 즉시성 색인(Immediacy Index), 피인용 반감기(Cited half-life) 등을 제공한다.
  - ▷ 저널에 대해 5년간 impact factor 추이를 그래프로 제공한다.
  - ▷ 소속기관에서 Web of Science 구독 시 논문과 수록된 저널 간의 링크가 제공된다.
- 이용방법:

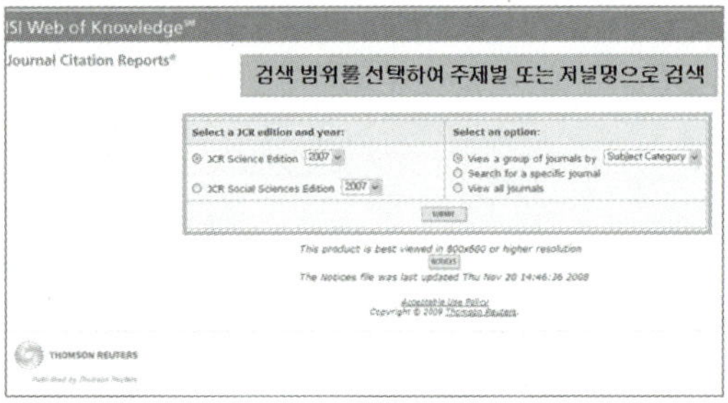

검색 화면

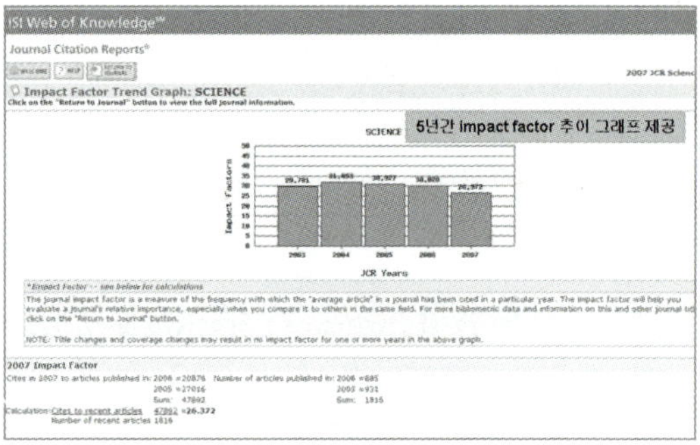

검색 결과 화면

그림 1.18 • JCR 이용방법

⑦ KIPRIS(Korea Industrial Property Rights Information Service)

- 제공: 특허청
- 연도: 1948~(DB마다 상이)
- 제공형태: 국내 · 외 특허
- 갱신주기: 매일
- 접속주소: http://www.kipris.or.kr
- 내용: 국내 산업재산권(특허 · 실용, 디자인, 상표) 정보 및 미국, 일본, 유럽 등 국제특허정보에 대한 자료를 제공한다.

표 1.2 국내특허청의 특허정보제공 범위와 수록기간

구분		제공범위	수록기간	비고
국내	특허	서지, 초록, 대표도면, 전문	1948~	
		서지, 특허영문초록, 대표도면	1979~	영문
	실용신안	서지, 초록, 대표도면, 전문	1948~	
	디자인	서지, 6면도, 전문	1950~	
	상표	서지, 대표도면, 전문	1950~	
	심판	서지, 심결문	1956~	
해외	미국특허	서지, 초록, 전문	1976~	영문
	일본특허	서지, 초록, 전문	1976~	영문
	유럽특허	서지, 초록, 전문	1978~	영문
	국제특허	서지, 초록, 전문	1978~	영문
	중국특허	서지, 초록	1985~	영문

- 이용방법:
  - ▷ 국내 · 외 지식재산권에 대한 모든 정보를 구축하여 누구나 인터넷을 통해 무료로 이용할 수 있도록 특허청이 한국특허정보원을 통하여 제공하고 있다.
  - ▷ KIPRIS 홈페이지(www.kipris.or.kr)에서 별도의 회원가입 없이 검색할 수 있으나, 다운로드나 부가기능을 이용하기 위해서는 로그인을 해야 한다.
  - ▷ 키워드, 번호(출원, 공개, 등록, 공고), 코드(IPC분류, 디자인분류, 상품분류), 인명(출원인, 발명인, 대리인, 권리자) 등으로 검색할 수 있다.
  - ▷ KIPRIS를 통하여 일본, 유럽, 미국의 특허정보를 동시에 검색할 수 있으나 언어에 의한 검색 누락을 피하고 싶거나, 보다 정밀한 결과가 필요할 때에는 각국의 특허청 사이트를 방문하여 재검색해야 한다.
  - ▷ KIPRIS 통합검색은 특허, 실용신안, 디자인, 상표 등 국내 산업재산권을 한 번에 검색할 수 있는 기능으로, 특허 검색이 익숙하지 않은 초보 이용자들은 키워드, 인명, 특허 관련 문헌번호(출원, 공개, 공고, 등록번호) 등으로 검색할 수 있다.

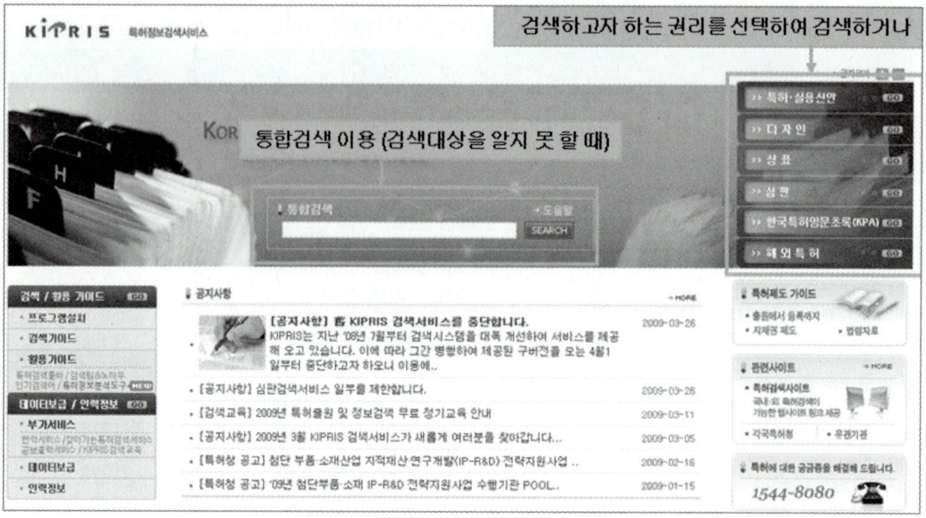

그림 1.19 • KIPRIS(특허청)의 이용화면

▷ 국제특허분류(IPC: International Patent Classification)는 특허문헌에 대해 국제적으로 통일된 분류를 하고 검색할 수 있게 만들어진 기술분류 체계로서 단순한 키워드로 한정할 수 없는 기술분야를 IPC로 동시에 검색하면 원하는 특허를 보다 쉽게 검색할 수 있다.

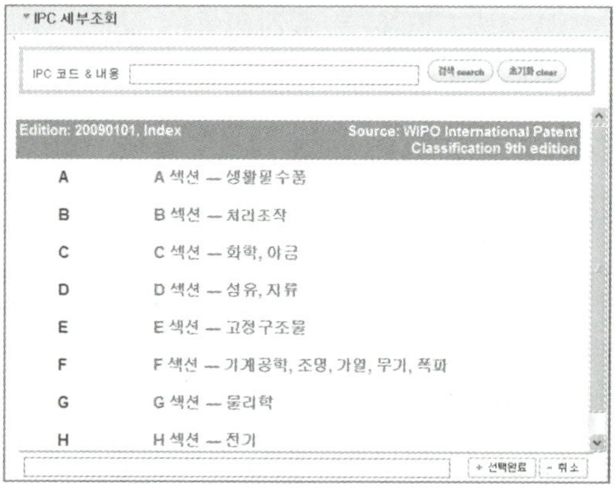

IPC 조회화면

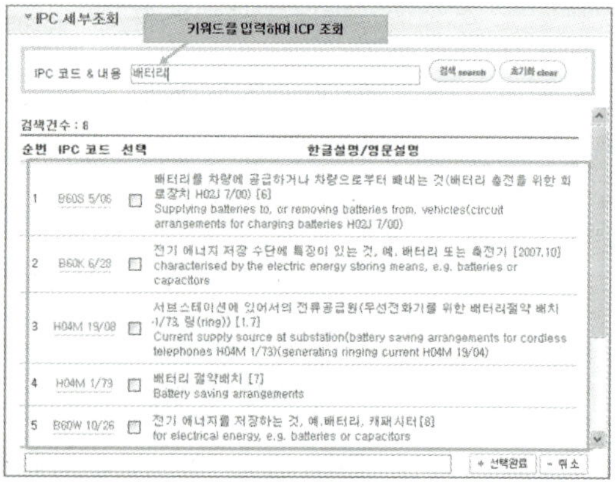

IPC 조회결과화면

그림 1.20 • IPC(국제특허분류)의 조회방법

- IPC 분류체계는 섹션, 클래스, 서브클래스, 메인그룹, 서브그룹 등 5단계의 계층적 구조를 갖고 있고 KIPRIS에서는 서브클래스 단계까지 키워드를 통해 IPC를 조회할 수 있다.
- 항목검색에서는 특허명세서에서 제공되는 발명의 명칭, 특허번호, 출원날짜, 발명자, 출원인 주소, 양도인, 주제분류 등 다양한 항목으로 검색 할 수 있다.
- 검색 결과 화면에서는 특허명칭, 출원번호, 초록정보 등을 확인할 수 있고, 상세보기를 선택하여 도면이나 해당권리에 대한 조회를 할 수 있다.[1]

특허명세서

항목검색 화면

그림 1.21 • IPC 검색 결과 화면

2) 데이터베이스 검색 전략

자료 검색 시 너무 많은 자료가 검색되거나 혹은 너무 적은 자료가 검색되었을 때에는 연산자나 절단기호를 이용한 불리언 검색을 통하여 보다 정확한 검색을 할 수 있다. 또한 검색 결과에서 필요한 주제 분야와 관계없는 자료가 검색되거나 자료가 전

1 http://www.kipris.or.kr/kor/guide/search_guide/guide_primary.jsp에서 제공한 Kipris 매뉴얼을 참조

혀 검색이 안 될 때에는 데이터베이스에서 제공하는 시소러스(Thesaurus) 검색 기능을 활용하면 도움을 받을 수 있다.

① 불리언 검색

표 1.3 ● 연산자를 사용한 검색방법 사례

연산자	검색 예	검색 결과
AND	engineering **and** automotive	검색결과 줄이기
OR	design and (engines **or** motors)	검색 결과 넓히기
NOT	design and (engines or motors) **not** electronic	관련 없는 자료 제외
* 또는 ?	**metal*** metals, metallic, metallurgy	어미변화 모두 검색
" "	"mechanical engineering"	구문 검색

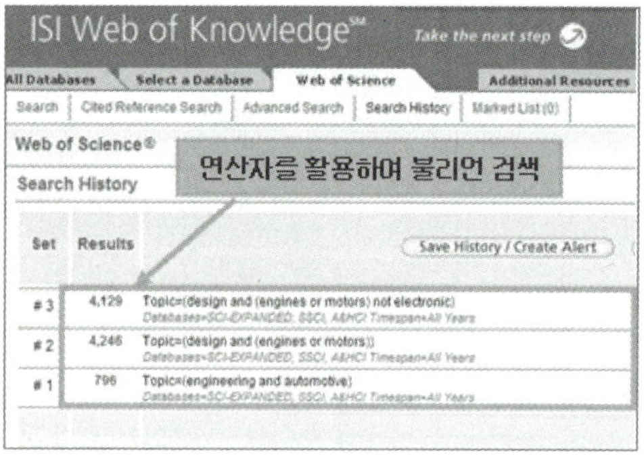

불리언 검색

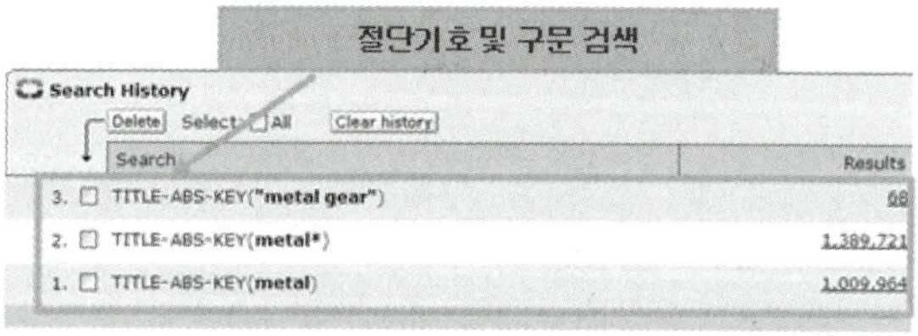

절단 검색 및 구문 검색

그림 1.22 ● 불리언 검색

② 시소러스(Thesaurus) 검색

시소러스는 특정 학문 분야에서 사용되는 용어들 간의 관계를 체계적으로 만든 색인 어휘집으로서 데이터베이스에서는 thesaurus, subject terms, subject heading 등의 이름으로 서비스하고 있다. 시소러스 기능을 이용하면 찾고자 하는 주제의 적절한 키워드를 조회할 수 있으며, 하위용어, 상위용어, 관련용어 선택 기능을 통해 보다 정확하고 다양한 검색결과를 얻을 수 있다. 예를 들어 공학분야 데이터베이스 Engineering

Village 시소러스에서 Air filters로 검색하면 상위용어 Air cleaners와 Filtration, Purification, Ventilation 등의 관련용어를 제시해 주고 이들 용어를 조합하여 검색할 수 있도록 서비스하고 있다.

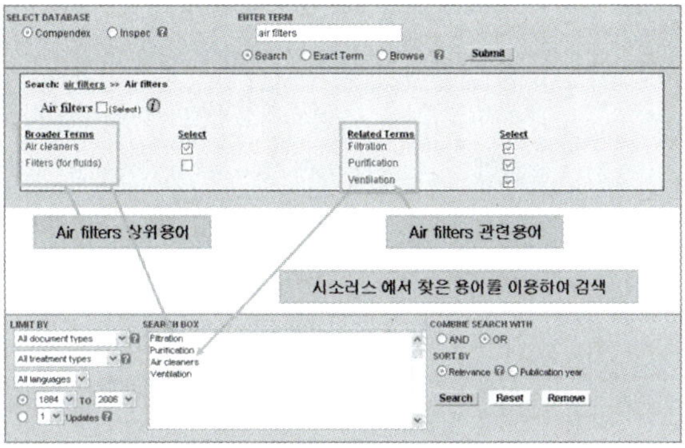

시소러스 검색 활용

그림 1.23 • 시소러스 검색

❸ 전자저널 데이터베이스

전자저널은 인쇄저널과 비교하여 출판과 배포가 신속하고 원문 검색이 편리해졌으나 구독조건이 출판사마다 다르고 컨소시엄을 통해 제공되기 때문에 소속기관에서 이용하는 전자저널을 확인하는 것이 복잡할 수 있다. 현재 우리나라 각 대학이나 연구기관에서 이용할 수 있는 전자저널은 다음과 같다.

표 1.4 • 주제별 전자저널 데이터베이스[6, 7] (계속)

DB명	주제	내용	연도
ACS	화학	미국화학회 저널 50종	1996~
AIP/APS	물리	미국물리학회 저널 22종, 프로시딩 550건	창간호~
AMS	수학	미국수학회 저널 8종	1995~
ASCE	토목, 환경	미국토목공학회 저널 31종, 프로시딩 150건	1983~
ASME	기계	미국기계공학회 저널 22종	2000~

(계속)

표 1.4 ● 주제별 전자저널 데이터베이스[6, 7] (계속)

DB명	주제	내용	연도
ASTM	공학, 기술	산업 전반에 사용되는 ASTM 규격	최신 자료
Blackwell	전 분야	과학/기술/의학 분야 저널 420종	1997~
Cambridge	전 분야	과학/기술/의학 분야 저널 104종	1997~
Cell	생명과학	생명과학 분야 저널 14종	1995~
IEL	전기/전자	IEEE/IET 저널 293종, 프로시딩 10,405건	1988~
IOP	물리	IOP(Institute of Physics) 학회 저널 59종	1999~
JATIO	항공우주	항공우주 관련 저널 12종 전자책 22권	1989~
LNCS	컴퓨터	컴퓨터공학 관련 프로시딩 5,450건	1997~
OSA	공학, 기술	미국광학회 저널 15종	창간호~
RSC	화학	RSC(Royal Society of Chemistry) 저널 21종	2000~
ScienceDirect	전 분야	Elsevier 저널 1,936종	창간호~
SIAM	수학, 컴퓨터	Society for Industrial Applied Math 저널 14종	1997~
SPIE	공학, 기술	SPIE 저널 6종, 프로시딩 5,600건	창간호~
Springer	전 분야	Springer 저널 1,504종	1996~

주 1. 제공연도는 저널마다 차이가 날 수 있다.

① ScienceDirect

- 제공: Elsevier
- 연도: 창간호~
- 제공형태: 원문(HTML, PDF)
- 주제분야: 학문 전 분야
- 접속주소: http://www.sciencedirect.com
- 내용: Elsevier사 출판물 2,500여 종의 저널과 9,500여 종의 도서를 전자형태로 제공하고 있다.
- 이용방법:
  - ▷ 수록 저널의 75%가 SCI/SSCI 등재 저널로 소속기관의 구독환경에 따라 원문 제공 기간이 달라진다.

▷ 논문심사가 완료되어 출판되었으나 Vol/Issue/page 등이 확정되지 않은 출판 준비 단계의 최신 논문(Articles in press)을 제공해준다.

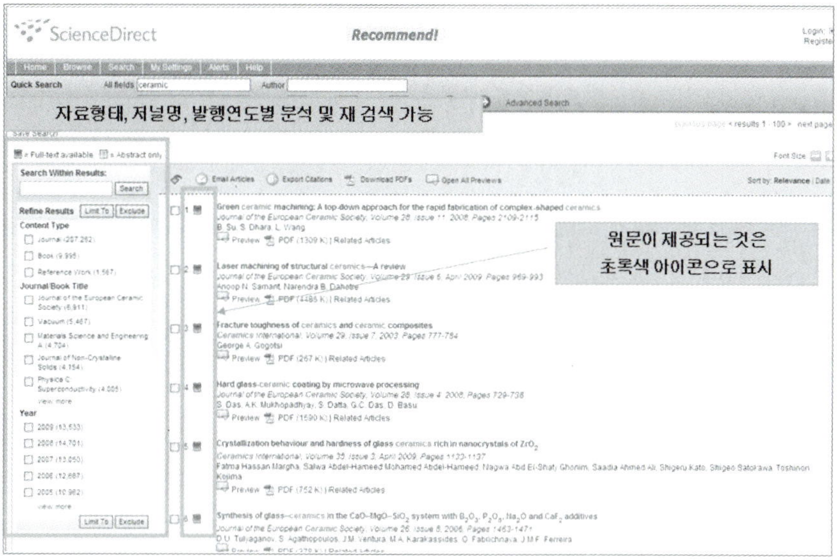

검색 결과 화면

그림 1.24 • ScienceDirect

❷ IEL(IEEE/IET Electronic Library)

- 제공: IEEE/IET

  IEEE(Institute of Electrical and Electronics Engineers)

  IET(Institution of Engineering and Technology)
- 연도: 창간호~
- 제공형태: 원문(HTML, PDF)
- 주제분야: 전기/전자/컴퓨터/생명공학/통신
- 접속주소: http://ieeexplore.ieee.org
- 내용: IEEE/IET에서 발행되는 저널, 컨퍼런스 프로시딩, 표준, 레터 등을 제공한다.

저널 목차 서비스검색 결과 다운로드

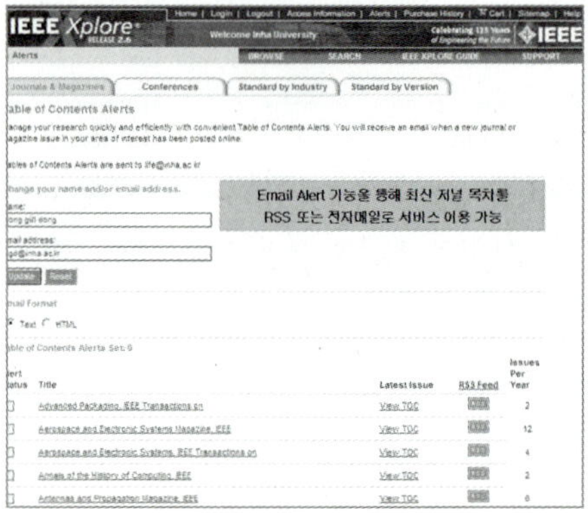

목차서비스 신청 화면

그림 1.25 • IEEE Xplore 활용방법

4) 국내학회지 데이터베이스

국내학회지는 한국학술정보(http://kiss.kstudy.com), 누리미디어(http://www.dbpia.co.kr), 교보문고(http://scholar.dkyobobook.co.kr)와 같은 상업출판사와 한국과학기술정보연구원(KISTI)의 과학기술학회마을(http://society.kisti.re.kr)에서 원문파일(PDF)을 제공하고 있다. 국내학회지는 국회도서관, 한국과학기술정보연구원, 한국교육학술정보원 등의 국가 대표도서관에서 검색할 수 있으나 각 기관마다 저작권, 원문제공기관과의 연계 여부에 따라 원문을 이용할 수 있는 환경이 다르다.

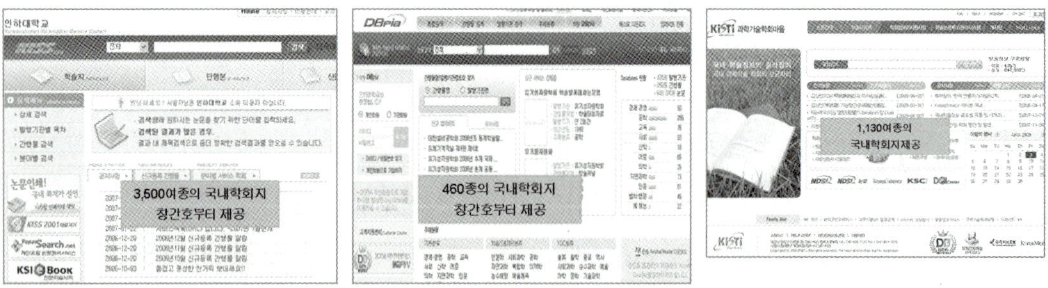

한국학술정보(KISS) 누리미디어(DBpia) 과학기술학회마을

그림 1.26 • 국내학회지 데이터베이스 홈페이지

5) eBook

전자책(eBook) 국내 서비스는 바로북, 북토피아, 교보문고, 누리미디어, 북레일 등이 제공하고 있으며, 소속기관의 계정으로 로그인 후 이용할 수 있다. 해외 전자책으로는 학문 전 분야의 OCLC netLibrary, IT 관련 최신 단행본을 제공하는 Safari, 그리고 공학 분야 참고서적을 이용할 수 있는 Knovel이 있다. 국내 전자책은 전권 인쇄 또는 다운로드까지 제공하는 출판사도 있으나 해외 전자책은 한 번에 출력할 수 있는 페이지 양과, 동시에 이용할 수 있는 접속자 수가 제한되어 있다. 국내 전자책과 OCLC netLibrary는 인쇄형태의 단행본처럼 소속기관에서 한 번 구입하면 계속적으로 이용할 수 있으나 Safari, Knovel은 소속기관에서 구독 갱신을 하지 않으면 이용이 중단된다.

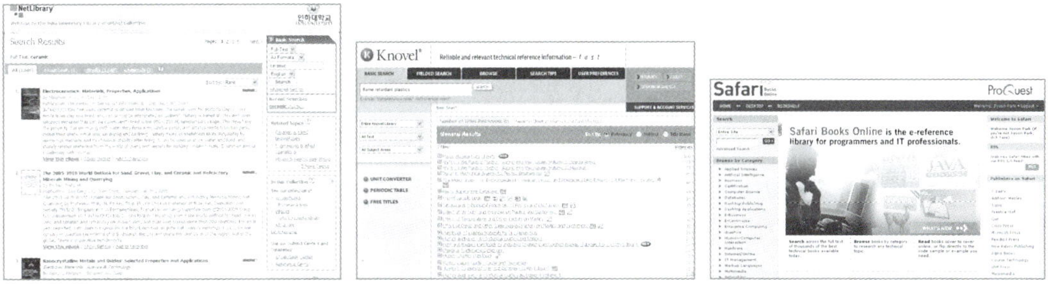

OCLC netLibrary　　Knovel　　Safari

그림 1.27 • 전자책(eBook) 사례

6) 서지관리프로그램

서지관리프로그램은 리포트나 논문작성을 위해 검색한 자료의 서지(논문명, 저자, 출판사, 출판연도 등) 정보를 체계적으로 관리해 주고, 참고문헌 작성을 도와주는 소프트웨어로 참고문헌관리프로그램, 문헌정보관리프로그램, 논문관리프로그램 등으로 소개되고 있다. 현재 국내에서는 EndNote와 RefWorks가 이용되고 있으며, 미국 조지 메이슨 대학에서 개발하여 무상으로 배포하고 있는 Zotero도 한글사용 가능 이후 연구자의 관심을 받고 있다.

초기에는 단순히 참고정보원을 관리해 주는 기능만을 제공해 주었으나 현재 보급

되고 있는 버전은 각종 웹데이터베이스의 연계를 통해 자동으로 서지정보를 추출해 주고, 공동 연구자들이 정보를 공유할 수 있도록 서비스하고 있다. 또한 워드 문서와 연동되어 쉽게 인용 및 참고문헌을 생성하고 삽입할 수 있도록 지원하고 있다.

국내 연구자들의 서지관리프로그램 활용도가 증가하면서 다수의 대학도서관에서 EndNote 또는 RefWorks를 구입하여 서비스하고 있다. 두 프로그램 모두 논문작성을 지원하는 소프트웨어이지만 EndNote는 데스크 탑 기반으로 설치과정이 필요하고, 웹 기반인 RefWorks는 로그인을 위해 계정을 생성해야 한다. 구독 여부 또는 사용방법에 대한 문의는 소속기관의 사서에게 문의하면 자세한 설명을 들을 수 있다.

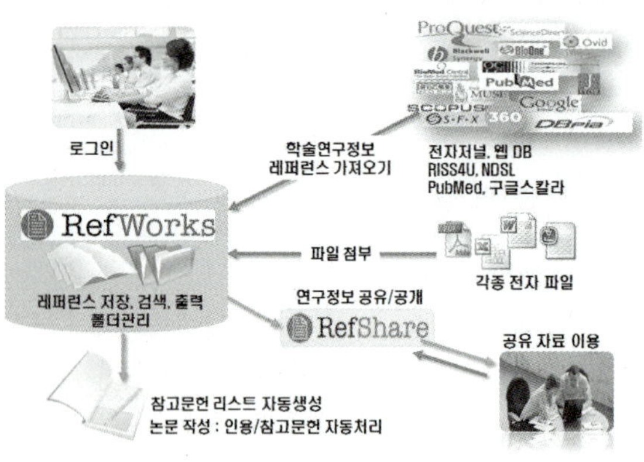

RefWorks 개념도

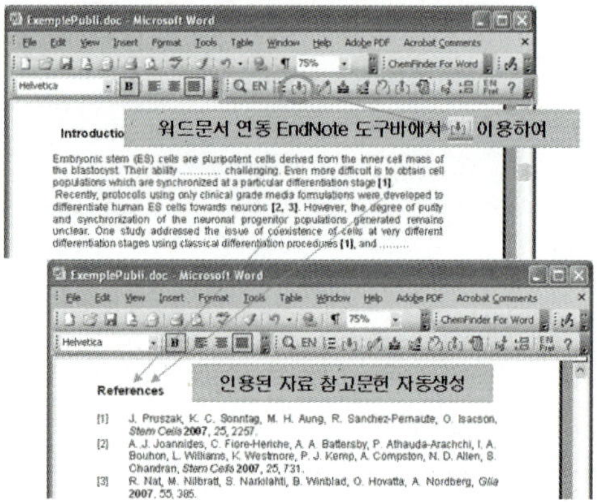

EndNote 참고문헌 자동생성 기능

그림 1.28 • 서지관리프로그램

2.3 과학문헌 제공기관 이용 방법

1) 대학도서관

대학도서관에서 이용할 수 있는 자료는 크게 단행본(Book), 정기간행물(Periodicals, 저널, 학술지), 학위논문, 멀티미디어 자료, 참고자료 등으로 나눌 수 있으며 소장자료 목록(Catalog)을 통해 검색을 할 수 있다. 또한 대학에 따라 전자책(eBook), 전자저널(E-Journal), 멀티미디어 자료를 소장자료 검색에서 동시에 검색할 수 있도록 제공하는 기관이 있고, 각각의 자료만을 별도로 검색하도록 하는 기관이 있다.

❶ 단행본 찾기

일반적으로 대학도서관 소장자료 검색에서는 서명, 저자, 키워드 등의 항목으로 검색을 할 수 있으며 신분(학부생, 석사/박사, 교수)에 따라 대출 권수와 대출 기간이 다르다. 대부분의 단행본은 대출을 할 수 있으나 잡지, 학술지 등의 정기간행물과 백과사전, 연감, 도감, 편람 등과 같은 참고도서는 도서관 내에서만 이용할 수 있다.

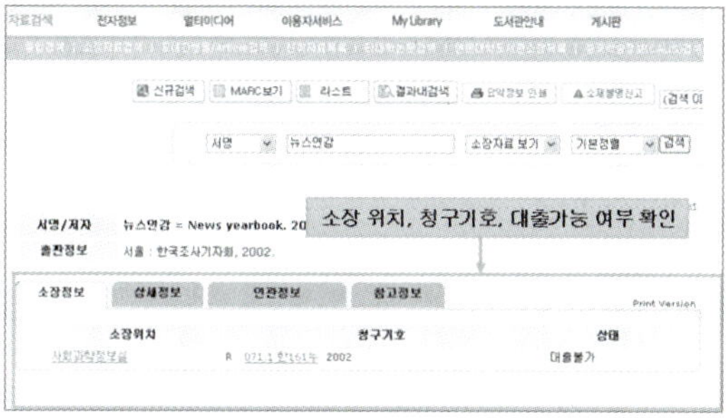

소장자료 검색 결과 화면

그림 1.29 • 대학도서관 홈페이지를 통한 자료검색 방법

대학도서관의 자료는 대부분 청구기호 순으로 배열이 되어 있고, 청구기호는 자료의 주제를 숫자 또는 숫자와 문자의 조합으로 만든 분류기호와 도서기호로 구성되어 있다. 분류기호에는 듀이십진분류법(DDC: Dewey Decimal Classification)과 미국의회도서관분류법(LCC: Library of Congress Classification), 한국십진분류법(KDC: Korean Decimal Classification)이 있으며, 현재 국내 대학도서관에서는 DDC 또는 KDC를 이용하여 자료를 분류하고 있다.

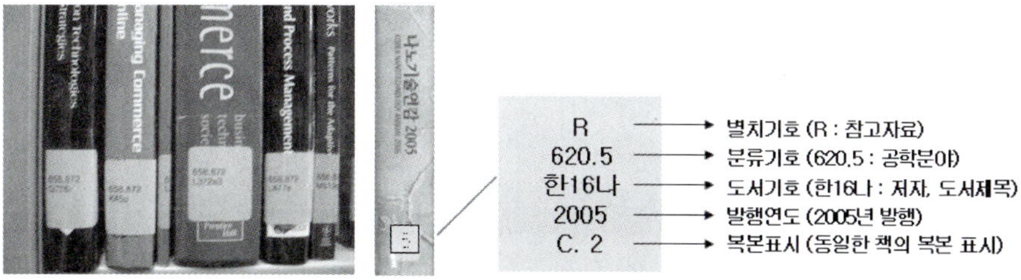

그림 1.30 • 청구기호 구성사례

또한 대부분의 대학도서관에서는 영구적으로 이용할 수 있는 전자책도 단행본에 포함하여 소장자료 검색을 통해 제공하고 있다.

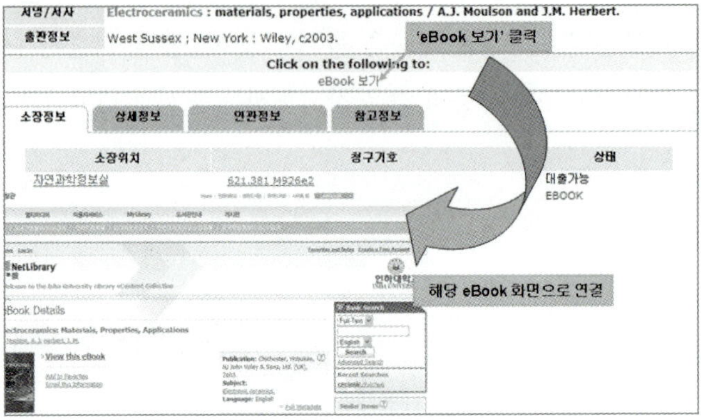

전자책 검색 화면

그림 1.31 • 전자책 검색 사례

❷ 저널 찾기

저널, 학술지, 잡지 등의 정기간행물은 동일한 서명으로 매주, 격주, 매달 등 일정한 주기로 발행되는 자료로서 인쇄형태와 전자형태가 있으며, 인쇄저널인 경우 신간 저널과 제본된 저널이 별도로 배열되어 있는 경우가 많다.

신간 저널

제본된 저널

그림 1.32 • 도서관 내 저널 배열

전자저널은 도서관의 홈페이지에 연결된 해당 출판사의 사이트를 통해 HTML 또는 PDF 파일 형태로 이용할 수 있다. 대학에서 구독하는 전자저널은 캠퍼스 내에서만 이용할 수 있으나 현재 대부분의 대학도서관에서는 소속 이용자의 아이디/패스워드를 통하여 교외에서도 접속할 수 있는 서비스를 제공하고 있다.

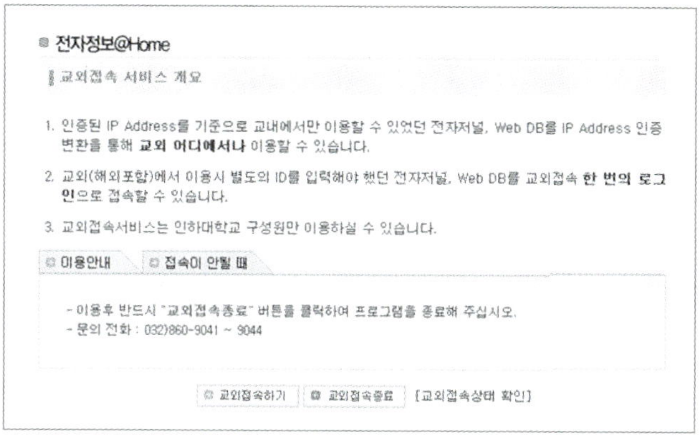

교외 접속 서비스

그림 1.33 • 전자저널을 사용한 예: 교외 접속 서비스

❸ 저널에 실린 논문(Article) 찾기

대학도서관 이용자가 가장 많이 하는 실수 중 하나가 소장자료 목록(Catalog)에서 저널에 실린 논문명으로 검색을 하는 것이다. 소장자료 목록에서는 원하는 저널을 구독

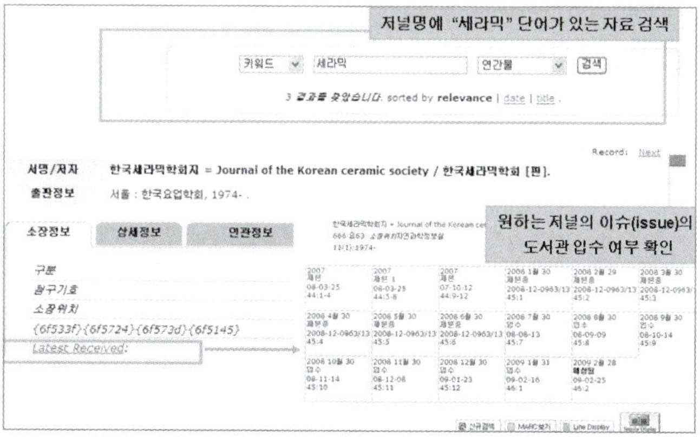

그림 1.34 • 소장자료 목록에서 저널명 검색

하고 있는지 보고자 하는 이슈(Issue)가 도서관에 입수되었는지를 알 수는 있으나 저널에 실려 있는 논문을 검색할 수는 없다.

해당 논문을 검색하기 위해서는 색인/초록 데이터베이스나 해당 저널의 출판사 사이트에서 검색을 해야 한다.

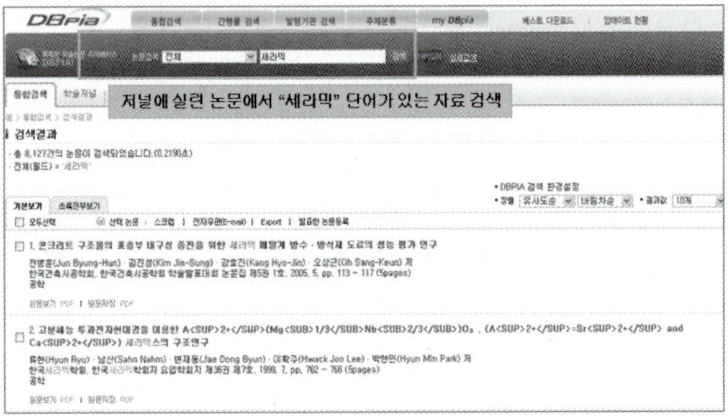

그림 1.35 • 저널에 실린 논문 검색

④ 대학도서관 서비스

대학도서관에서 소장하고 있지 않은 자료는 희망도서 신청을 통하여 자료구입을 요청하거나 국내 · 외 타 기관으로부터 상호대차 또는 복사 서비스를 받을 수 있다. 이

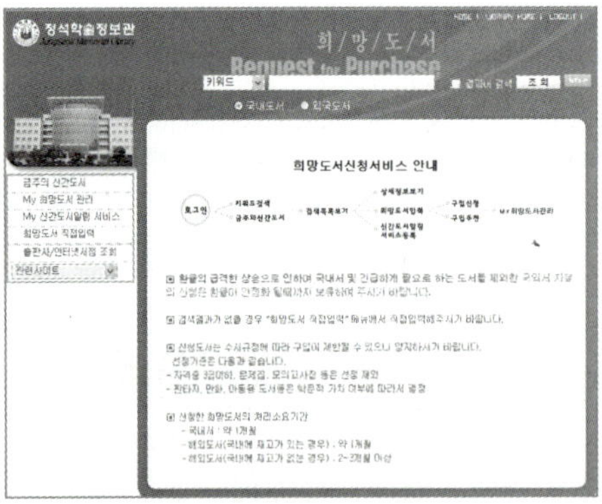

희망도서 신청

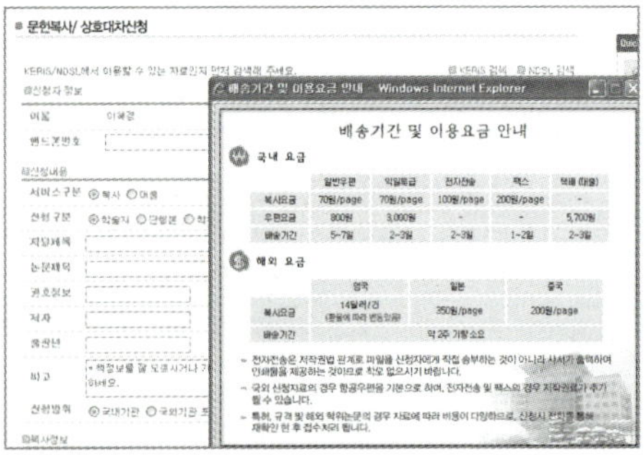

문헌복사/상호대차 신청

그림 1.36 • 도서관 서비스 신청사례

러한 서비스에 대한 이용방법과 비용 등에 관한 자세한 정보는 소속 대학도서관의 홈페이지를 통해 확인할 수 있다.

2) 국회도서관(http://www.nanet.go.kr)

국회도서관은 우리나라의 대표적인 국가도서관으로 소장 장서는 인문/사회과학 중심이지만 국내 석 · 박사 학위논문 목록과 국내 학술지 서지 및 목차 정보 등을 제공하며 저작권이 허락된 자료는 원문까지 이용할 수 있다. 학위논문의 경우 한국교육학술정보원에서도 검색을 할 수 있으나 국회도서관은 전공별 학위논문을 검색할 수 있도록 지원하고 있다. 또한 원문의 저작권 허용 범위에 따라 외부에서 원문을 볼 수 있는 자료의 제한이 있으나, 대부분의 대학 및 공공도서관은 국회도서관과 협의를 맺어 기관 내의 특정 컴퓨터에서는 이용이 제한되어 있는 자료를 볼 수 있도록 서비스하고 있다.

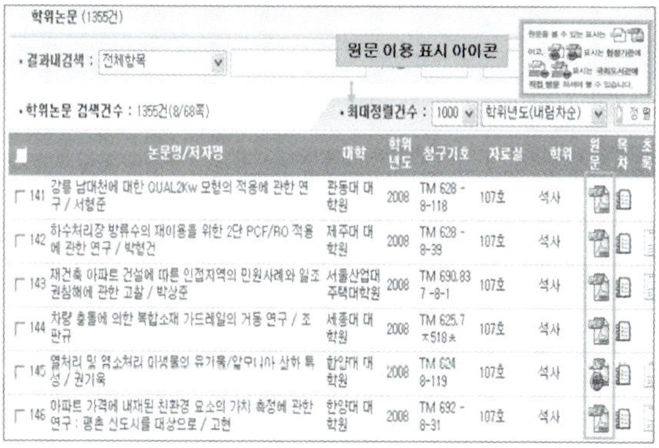

검색 결과 화면

그림 1.37 • 국회도서관에서 사용 예

3) 한국교육학술정보원(http://www.riss4u.net)

한국교육학술정보원(KERIS: Korean Education & Research Information Service)에서 구축하여 운영하고 있는 학술연구정보서비스(RISS: Research Information Service System)는 전국 대학도서관의 소장자료 검색, 상호대차 서비스, 학위논문 및 학술지 원문이용, 국가 라이선스 방식의 해외 학술 데이터베이스 서비스 등을 제공하고 있다. 국내 학위논문, 학술지 서비스에서는 국회도서관과 많은 부분이 중복되어 있으나 한국교육학술정보원에서는 해외에서 학위를 받은 국내연구원의 학위논문과 해외 박사학위논문 검색 및 원문이용이 가능하고 상업용 출판사에서 구축한 원문과의 연계 서비스가 제공된다는 점이 다르다. 또한 KERIS에서는 해외 전자정보사업을 통해 대학 및 기관의 해외 학술 데이터베이스 컨소시엄을 주도하고 있으며, 일반인에게도 일정 시간동안 해외 데이터베이스를 이용할 수 있도록 서비스하고 있다.

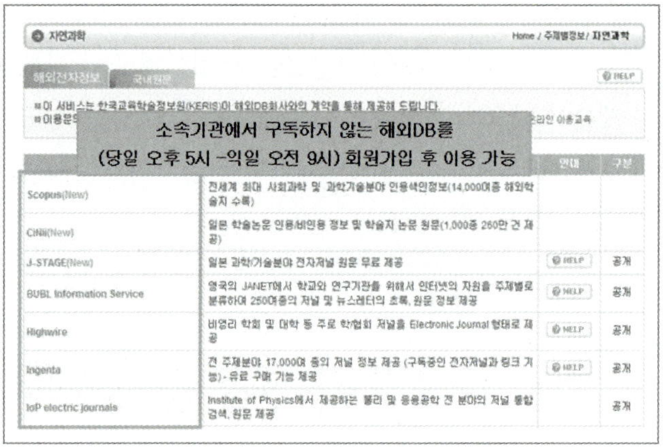

해외 DB 무료 이용

그림 1.38 • 한국교육학술정보원의 사용방법

4) 한국과학기술정보연구원(http://www.kisti.re.kr)

한국과학기술정보연구원(KISTI: Korea Institute of Science and Technology Information)은 국가과학기술정보 분야의 전문연구기관으로서 국가과학기술종합정보센터 역할을 하고 있다. 과학기술정보통합서비스 NDSL(http://www.ndsl.kr)을 통해 논문, 특허, 인력, 사실정보 등을 수집하여 서비스하고 있다. KISTI에서는 국내도서관의 해외전자저널 컨소시엄 사업을 주도하고 있기 때문에 국내 도서관에서 어떠한 저널을 구독 또는 소장하고 있는지 알 수 있으며, 이러한 정보를 활용하여 문헌복사 서비스를 제공하고 있다.

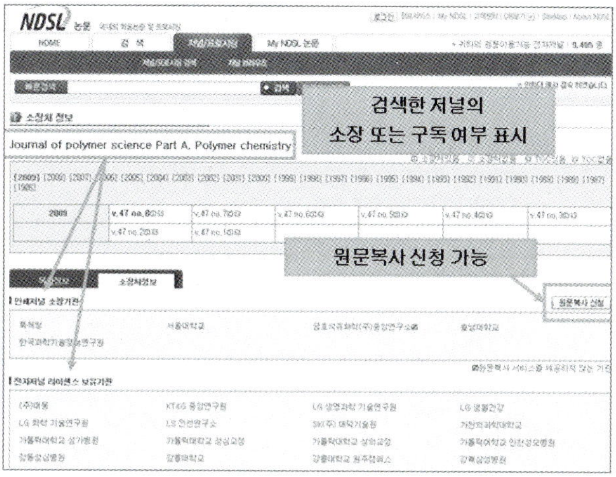

저널 검색 및 원문복사 신청

그림 1.39 • 한국과학기술정보연구원(KISTI) 사용 예

3 리포트 및 논문의 표절과 인용

3.1 표절이란

전 세계적으로 대학, 연구소 및 산업체에서 지적소유권과 연구윤리에 대한 의식이 고양되고 있다. 검색엔진을 통해서 출판논문으로부터 다양한 표절 의혹 및 문제가 제기되고 있으며 대학사회 내에서의 리포트 표절 관련 문제도 일어나고 있다. 2007년 미국 듀크 대학에서 표절에 연루된 한국 유학생의 적발 사례가 대표적인 경우다[10].

'듀크대학은 얼마 전 MBA 학생들이 시험을 대신해 제출한 과제물의 부정행위 여부를 조사한 결과 모두 34명의 학생들을 적발했고 부정행위의 경중에 따라서 해당 과목 낙제나 정학, 퇴교 등의 징계를 내렸다고 밝혔다. 그 중에서 가장 큰 징계인 퇴교 조치를 받은 아홉 명의 학생들 전부가 아시아계 유학생들이다.'

출처: 2007년 7월 2일 교수신문

이렇듯 대학 리포트의 표절 방지에 대한 연구 및 대안책 마련의 시급성과 필요성이 대두되고 있는 상황이다.

대학생 및 과학기술자들이 연구결과를 논문으로 발표하는 경우에는 연구부정행위에 대한 세심한 주의가 필요하다(표 1.5[8]). 특히 최근에 야기되고 있는 표절에 대한 논란은 과학자의 논문작성에 대한 충분한 이해부족과 교육부재의 결과로 본다. 논문과 관련된 부정행위는 위조, 변조, 표절, 중복게재 등이 있다. '표절'이라 하면 남의 글을 가져와서 자기의 것으로 하는 행위만을 생각하나 자신의 출판논문 일부분을 인용 없이 재사용하는 것 또한 학문사회에서는 표절로 간주한다. 표 1.6은 표절의 유형을 보여준다.

표 1.5 ● 논문관련 연구부정행위의 종류 및 그 사례[8]

대표적인 연구부정행위로 위조, 변조, 표절, 자기표절, 명예저자, 중복게재 등이 있다. 이 각각의 행위들은 가령, '위조이면서 표절이고, 게다가 중복게재'라는 식으로, 서로 중첩되어 나타나기도 한다.

연구부정행위	내용	유형/사례
위조 (Fabrication) 변조 (Falasification)	존재하지 않는 연구자료나 결과를 있는 것처럼 꾸미는 것 연구자료 및 결과를 조작하거나 바꾸는 것	– 황우석 사건(韓, 2006) – 윌리엄 서머린 사건(美, 1974) – 헤르만-브라호 사건(獨, 1997) – 다이라 가츠나리 사건(日, 2006)
표절(Plagiarism) (※ 일본, '盜作')	다른 사람의 아이디어, (실험)공정, 연구결과, 혹은 단어를 적절한 인용 없이 이용하는 경우	– 무단전제 – 텍스트 일부 무단 도용 – 독창성 없는 문장바꿔쓰기(Paraphrasing) – 연구틀의 구성 및 문제의식 도용 – 표절된 논문을 또 다시 표절한 경우 – 원전번역을 가장한 重譯 – 번역서 내의 역주 표절
자기 표절 (Self/Auto-plagiarism)	적절한 인용 없이 도용하는 원 출처가 자신의 논문이나 저서인 경우	– 무단복제형 – 쪼개기형(논문 나누어 복제 · 생산) – 조립형/통합형(여러 면의 논문 한 편으로 요약하기)
ESDU NSPEC	△ 연구가 시행된 부서나 프로그램의 주임교수이거나 △ 연구 지원금을 제공한 경우 △ 해당 분야의 선도적 연구자인 경우 △ 주요저자의 멘토인 경우 논문에 '무임승차'	
JCR	"연구 발표를 언급하지 않은 채 같은 정보를 또 발표하는 것"	

※ 참고자료: N.H. Steneck, 'CRI Introduction to the Researchable Conduct of Research' (교육부 번역, '연구윤리소개'); 과학기술부, '연구윤리 · 진실성 확보를 위한 지침 해설서', 811

표 1.6 미국학계에서 분류하고 있는 표절의 유형[9]

출처 인용하지 않은 경우	출처 인용한 경우
유령작가형(The Ghost Writer): 다른 사람의 연구물을 자신의 것으로 제출하는 경우	**각주 망각형(The Forgotten Footnote)**: 원 출처의 저자명을 언급했지만, 인용된 부분의 위치에 대한 구체적 정보를 포함시키지 않았을 경우
사진복제형(The Photocopy): 단일한 출처로부터 변형 없이 텍스트의 중요한 부분을 곧바로 복제한 경우	**오보형(The Misinformer)**: 출처와 관련한 정보를 부정확하게 제공한 경우, 그래서 그 출처를 찾기 불가능한 경우
포트럭 논문형(The Potluck Paper): 원래 표현의 대부분을 유지하면서 여러 출처들로부터 복제해서 문장들을 비튼 채 조합하는 경우	**말바꿔쓰기형(The Too-Perfect ParaPhrase)**: 출처를 적절히 인용했지만, 복제된 텍스트를 인용부호 안에 넣지 않은 경우
어설픈 변장형(The Poor Disguise): 글쓴이가 출처의 본질적인 내용을 유지하고 있으면서, 키워드나 표현을 바꾸어 논문의 외양을 살짝 바꾼 경우	**잔머리형(The Rescurceful Cuter)**: 글쓴이가 모든 출처를 인용했고 적절히 말을 바꿔 썼으며, 적절히 인용부호를 사용했지만 독창적 연구를 포함하고 있지 않은 경우
게으른 노동자형(The Labor of Laziness): 글쓴이가 독창적인 작업에 시간을 들이기보다 다른 출처로부터 페이퍼의 대부분을 변형하고 서로 찌맞추는데 시간을 더 소비하는 경우	**완전범죄형(The Perfect Crime)**: 출처를 적절히 인용했고 인용부호를 달고 있지만, 그 출처에서 다른 주장들을 인용 없이 말만 바꿔쓴 경우
자기도둑형(The Self-Stealer): 글쓴이가 자신의 이전 연구물을 차용해, '독창성의 기대'와 관련한 정책을 위반하는 경우	

* Potluck: 각자 음식을 조금씩 마련해 가지고 오는 파티

※ 출처: '턴잇인(Turnitin)' & '리서치 리소시즈(Research Resources)' http://www.trunitin.com, http//www.plagiarism.org)

1) 대학에서 표절현상

우리나라 대학 내 리포트 표절의 발생 원인에는 초 · 중 · 고등 교육에 기인한다고 본다고 본다. 인용의 중요성 및 표절의 교육부재가 가장 큰 요인이라고 생각한다. 아울러 리포트는 조사를 기초로 학생의 의견을 제시하는 독창성이 고려되어야 하나, 단순한 문제풀이에 대한 훈련과 인터넷 등을 이용한 조사 보고서 등의 사실만을 요구하고 있다. 또한 상당수 학생들이 시간이 없다는 핑계로, 교수가 많은 과제를 요구한다는 이유 등으로 사고가 결여된 리포트를 작성하거나, 이곳저곳에서 글을 베껴서 출처가 없거나 인용을 생략한 결과를 자신의 것으로 작성하여 제출하고 있다. 이런 보고서에는 학생 본인의 의견이 제시되어 있지 않아 학생의 창의성은 찾아볼 수 없다.

서윤경은 한국 대학생이 논문이나 과제물을 작성할 때 나타날 수 있는 표절의 유형을 다음과 같이 정리하였다[12].

첫째, 다른 사람의 글을 인용하면서 출처를 밝히지 않는 경우이다
둘째, 다른 사람이 쓴 문장을 인용하지 않았지만, 글의 전개 구조를 본떠서 출처 없이 보고서를 작성한 경우이다.
셋째, 다른 사람이 쓴 단락을 인용하면서 첫 번째 문장은 출처를 밝혔지만, 그 이후 문장은 출처를 밝히지 않은 경우이다.
넷째, 다른 사람이 쓴 보고서를 비용을 주고 구입하여 자신의 보고서에 일부 포함시키는 경우이다.
다섯째, 다른 과목에서 제출했던 보고서를 또 다른 과목에 약간 수정하여 다시 제출하는 경우이다.

표절에 대한 조기 교육의 부재와 창의성을 강조하는 토론식 수업보다는 주입식 교육이 일반적이다. 이 때문에 학생들은 불행히도 창의적인 지식 생산연습이 축적되지 않은 채 졸업하여 연구원 및 산업체에서 일하게 된다. 따라서 이들이 전문인으로 일할 때 인용 및 표절에 대한 주의를 인식하지 않아 저작권 문제 등이 야기될 수 있다. 이러한 것을 방지하기 위해서는 미국 대학에서 사용하는 "Turn It In" 등과 같은 체계적 표절 추적시스템의 구축과 학부생을 위한 리포트, 논문작성 및 연구윤리에 관한 교육이 필요하다.

2) 표절방지 제도

표절방지를 위한 제도적 장치 구축으로는 1) 대학별 확고한 표절 관련 지침서 및 안내책자 발간, 배포(그림 1.40, 미국 하버드 대학의 표절 가이드북[22], 그림 1.41, 논문 표절, 이중게재 판정에 대한 서울대 연구윤리규정집[23]), 2) 온라인 상으로 제출된 리포트의 표절 여부를 추적하는 시스템 적극적으로 도입, 3) 한동대에서 실시하고 있는 honour code 선언, 4) 대학 내 교수학습 센터에서 리포트/논문작성 강좌 및 튜토리얼 제도 구축 등이 필요하다.

Plagiarism에 걸렸어요…

미국 유학 중인 한 학생이 웹 게시판에 다음의 글을 올렸다.

만약 여러분이 이러한 상황에 처한다면 어떻게 처리해야 하는가?

> *'… 처음으로 에세이를 대행해서 써주는 사이트에서 돈을 주고 에세이를 샀다.*
> *"Plagiarism free"라고 하는 광고에 속아서 그 에세이를 제출하였는데,*
> *학교에서 90% 표절로 판정났다. 나는 졸업을 앞두고 있는 상황이라, 심각하면 졸업연기나*
> *퇴학이 되어 기록이 학교에 영원히 남는다고 한다. …*
> *지금 졸업사정위원회의를 앞두고 있는 상황이다. 나는 어떻게 해야 하는가?'*

하버드대 가이드북의 '표절 유형'

'출처를 인용하는 글쓰기(Writing with Sources)'의 예시

1 출처를 명시하지 않고 무단 전재한 정보나 데이터

교재에 나온 '1997년 한 해 동안 하버드대에서 30건의 부정행위가 적발됐다'를 출처 밝히지 않고 무단 전재하면 표절. 어디에서나 구할 수 있는 상식적 정보가 아니므로. 또한 이 교재가 아니라 (자신이 읽지 않은) 하버드대 행정편람을 출처로 표기해도 안됨. 반드시 자신이 읽은 책과 자료를 출처로 기록해야 함.

2 무단 전재한 아이디어

교재에 나온 '표절(plagiarism)의 라틴어 어원은 유괴범이며 표절은 다른 사람의 정신적 아이(brain child)를 훔치는 것'을 인용할 때 교재 저자의 독창적 아이디어인 '정신적 아이'에 인용부호가 없으면 앞선 문장에서 출처를 밝혔더라도 표절.

3 인용부호 없는 축약문

출처를 밝히고 원 저자의 주장을 요약하는 축약문을 썼더라도 저자의 표현 일부를 빌려올 경우 인용부호가 없으면 표절.

4 출처를 밝히지 않은 글 구조 인용

출처와 다른 단어, 표현을 썼더라도 글의 구조, 전개방식을 본뜨면서 출처를 밝히지 않으면 표절.

그림 1.40 미국 하버드 대학의 표절예방을 위한 교육책재[22]

표절과 이중 게재에 대한 서울대 연구 윤리 규정 항목 자료:서울대

구분	항목	판정
표절	타인의 논문에서 연속적으로 2개 문장 이상을 인용 표시 없이 사용	X
	타인의 연구 결과 중 핵심 개념의 일부를 인용 표시 없이 발표	X
	교과서나 공개 출간 데이터 파일에 게재된 연구 결과를 인용 표시 없이 사용	O
이중 게재	자신의 논문에 쓴 연구 결과를 인용 표시 없이 다른 논문에 인용	X
	자신의 논문에 발표된 연구 결과를 모아 저서로 출간	O
	학술지에 쓴 내용을 대중서, 교양잡지에 쉽게 풀어쓴 경우	O
	짧은 서간 논문을 출간한 뒤 긴 논문을 추가 출간	O

그림 1.41 표절과 이중 게재에 대한 서울대 연구 윤리 규정 항목[23]

3.2 올바른 인용

연구자들에게는 연구결과 발표가 매우 중요하다. 이 행위는 연구결과 공유와 자신의 업적을 이루는 과정에서 때때로 학자들이 연구결과를 '위조(날조), 변조, 표절' 한다. 이 행위는 과학자의 진실성을 해친다. 이 세 가지 행위 중 '표절' 은 자연과학에서는 남의 연구결과(업적)를 자기 논문의 결과처럼 사용하는 것뿐만 아니라 적절치 못한 인용도 표절로 볼 수 있다. 논문이 아닌 것은 자신의 주장이 없거나 자신의 주장에 대해 합리적인 방법으로 근거를 찾지 못한 것이다. 학계에서 학술적인 가치란 독창적인 내용을 의미하는 것으로, 이러한 새로운 결과가 쌓여 학문의 발전이 이루어진다. 따라서 논문작성에서는 합리적인 근거 찾기 및 이전의 결과인용이 매우 중요한 방법이다.

논문의 표절시비는 법률적 저촉에 그치지 않고 도덕적 규범과 가치관의 문제로 본다. 그전에 표절의 개념을 이해하고 어떻게 인용하는지를 아는 것이 표절문제를 피하는 좋은 방법이다. 논문표절을 예방할 수 있는 대안이라면 자신의 결과를 사용하고 자신의 단어/글을 쓰는 습관을 만드는 것을 들 수 있다. 글쓰기 훈련을 통해서 인용, 바꿔쓰기/고쳐쓰기, 요약 등을 학습한다. 미국의 하버드 대학에서는 80% 이상이 1년에 60쪽 이상의 보고서를 작성하여 제출케 하는 철저한 교육을 시키는데, 이것이 표절을 예방하는 좋은 교육의 한 과정이다.

1) 문헌을 인용하는 이유

저자의 지적권리를 인정하고 감사하는 뜻에서 인용하는 것은 윤리적 문제이며 표절에 대한 방어이다. 이전 연구자의 업적에 감사하는 뜻에서 사용 이전 연구업적을 감사함으로써 관련 분야의 역사를 재인식한다. 인용하는 연구자에게 연구공간을 제공하며 이전의 어떤 연구들이 행하여졌는지를 기술함으로써 이루어지지 않은 것들에 대한 방향을 제시하고 새로운 연구의 장을 준비한다.

적절한 인용은 표절을 피할 수 있을 것이다. 그러나 복사, 고쳐쓰기, 요약, 직접인용 등의 지나친 방법으로 다른 사람의 업적을 사용하는 것은 표절이다. 즉 출판물에서는 자신의 글과 아이디어를 사용하는 것이 중요하다. 적절한 인용 분량은 10% 이내라고 알려져 있다[16]. 우리는 표절에 대한 규칙을 사전에 알아야 한다. 인용방법을 몰랐다는 것은 표절에 대한 변명이 되지 않는다. 참고로 미국에서 고등학교 학생들에게 교육시키고 있는 한 자료, '표절을 피할 수 있는 12가지 제안' 을 소개한다. 12가지 중 8항의 "정확하게 10% 이하의 분량을 인용해라"는 글쓰기 창작물과 관련된다는 뜻에서 남의 글을 짜깁기하지 말고 자신의 목소리를 내서 글을 쓰도록 교육하라는 의도이다.

표절을 피할 수 있는 12가지 제안 [16]

1. 자신의 결과를 사용하고 자신의 단어/글을 써라
2. 연구결과물을 얻는 데 충분한 시간을 할애하라
3. 출처에 대한 근원을 잘 보관하라
4. 꼼꼼하게 노트하라
5. 사고를 잘 정리하고 말하고자 하는 것을 명확하게 하라
6. 아이디어, 인용, 고쳐쓰기, 요약을 한 후에 출처를 표시하라
7. 논문과 참고문헌 표시에 올바르게 인용하는 방법을 배워라
8. 정확하게 10% 이하의 분량을 인용하라
9. 주의 깊게 고쳐 써라
10. 여러 문헌을 이용하여 짜깁기하여 조각조각의 글을 쓰지 마라
11. 자신의 단어로 요약하되 프로그램을 이용하여 자동 요약하지 마라
12. 다른 사람의 논문을 재작성하지 말고 논문을 대필하지 마라

여기에서는 바람직한 인용방법은 무엇인가를 소개하고자 한다.

2) 인용방법(quotations)

인용의 기본 법칙은 적게 인용하고 인용부분을 정확하게 의도하는 것이다. 직접인용인 경우 원본과 동일하게 하며, 원본의 단어, 글자 또는 맞춤법을 준수해야 한다. 또한 출처를 인용하고 직접인용이 4~5줄 이상이면 블록인용한다. 자연과학 논문에서는 수학, 과학 등의 공식을 인용하는 경우에 직접인용하며 일반적으로는 간접인용을

사용한다. 인용은 원문내용 인용(직접 인용), 문헌 인용(간접 인용), 그림 및 표 인용으로 구분한다[17, 18, 19].

❶ 원문내용

직접 인용할 때 주의사항은 다음과 같다[20].

- 4~5행 미만의 짧은 내용을 그대로 본문에 인용할 경우에는 큰 따옴표(" ")를 사용한다.
- 4~5행 이상인 긴 글을 인용하는 경우에 독립된 문단(블록)을 만들어 인용한다. 이때 문단 형식이나 글자 크기를 조절하여 본문과 구분한다. 인용문의 아래 위와 지문 사이에 각각 한 줄을 띄어주며, 인용문의 글자 크기를 본문보다 작게 하거나, 본문의 왼쪽, 오른쪽으로부터 3글자 정도 여백을 준다.
- 원문 그대로 인용할 때 필요하지 않은 부분을 생략할 수도 있다. 문장의 중간 부분을 생략하는 경우에 3점 줄임표(...)를 사용하고 인용문의 끝부분을 생략하거나 한 문장 이상의 내용을 생략하고자 할 때에는 4점 줄임표(....)를 쓴다.

  ex 과학자의 연구윤리는 ... 강조되었다.

  (3점 줄임표 위치는 인용부호 앞, 뒤로 한 칸의 간격을 유지한다)

  ex 과학자의 연구 부정행위는 위조, 변조 및 표절 등이다. 연구윤리는 최근 들어....

  (4점 줄임표는 문장 마지막에 바로 찍는다. 문장 다음에 찍어 문장이 끝난 마침표 역할도 한다)

❷ 문헌인용

참고문헌 항에서 본문에 인용된 문헌을 표시하는 방법에는 여러 가지 형식이 있다.

- Chicago (Turabian): 여러 분야
- MLA (Modern Language Association): 인문 분야
- APA (American Psychological Association): 사회과학, 교육, 공학 및 비즈니스 분야

그 외 여러 과학 분야(생물, 의학, 간호학 등)에서는 독특한 형식을 갖고 있다. 이

다양한 형식은 (1) 저자명과 연도, (2) 알파벳 순서, (3) 인용 순서의 세 가지 방법으로 이루어져 있다.

(1) 저자명과 연도

W. D. Kingery, H. K. Bowen, and D. R. Uhlmann, 1976. Introduction to .....

M. W. Hong, 2000a, J. Kor. Cell. Soc., 2(4), 22–45.

M. W. Hong, 2000b, J. Kor. Cell. Soc., 4(4), 30–41.

본문 중에 저자와 발표연도를 기재하는 경우에는 동일한 저자문헌은 연대순으로 나열하고 동일한 연도의 문헌이 2개 이상일 경우에는 순서에 따라 연대 뒤에 a, b, c ...를 기입한다.

Hong, M. W. J. Kor. Cell. Soc., 4, 30 (2000).

연대를 끝에 기입할 수도 있다.

(2) 저자명의 알파벳 순서로 배열

(3) 인용 순서대로 배열

실제로 자연과학 논문에서는 [1], [2~5] 번호를 이용하여 논문 본문에 인용하고 그 출처를 말미에 '참고문헌'에 표시하는 방법이 일반적이다. 본문 인용순서에 따라 참고문헌에 순서대로 [1], [2], [3] 문헌을 기재한다.

- 학술지 경우
  - ▷저자명, 제목(생략 가능), 잡지명, 권, 호, 페이지(시작~끝) 출판연도
  - ▷[1] S.H. Sohn, D.K. Lee, T.I. Kwon, D.W. Lee and H.S. Kim, Applied Physics Letters, 50(12), 3179–3181, 2002.
- 단행본인 경우
  - ▷저자명, 책명, 출판사명(출판사 소재지: 출판사), 인용 페이지, 출판연도
  - ▷[3] Charles Lipson, Doing Honest Work in College, The University of Chicago Press, pp40–42, 2004.
- 프로시딩 등 편집된 논문집인 경우
  - ▷저자, 책 이름, 편집자 이름, 출판사, 페이지, 연도

▷[5] Smith, K. L. in Plagiarism .., ed. H. Sorrell et al, Chicago: Univ. Chicago Press, 90, 2004.

각 학술지에 따라 인용방법이 다르며(논문 제목의 유무, 논문지, 서적, 보고서, 학위논문, 인터넷의 자료 등 인용하는 방법이 다르므로 투고하려는 학술지의 안내를 참조하기 바란다.

웹 사이트에서는 인용한 연도와 일자를 나타내는 것이 중요하다.

사람이름 (연도) 제목 Retrieved Jan. 20, 2007, from http://www. jjj

제목 (2007). XXXXX Retrieved from Feb. 10, 2007, from http:// ....

③ 그림, 표 인용

본문에 인용하는 그림과 표는 'Figure 2', 'Table 3' 등으로 표시한다(주: 본문에서 제시하는 그림의 제목은 그림 밑에 표의 제목은 표 위에 기입하며 일반적으로 그림과 표의 제목은 영문으로 나타낸다). 본문에 그림과 표를 '그림 3', '표 2' 등으로 표기할 수 있다.

④ 인용의 범위

공표된 저작물 인용 시에 정당한 범위 내에서 인용할 수 있다. 한국에서는 저작권법상 저작권이 보호된 저작물이 합법적인 인용의 다섯 가지 요건(인용대상, 목적, 인용정도, 필연성, 출처명시)에 만족할 때 저작권자의 허락 없이도 사용이 가능하다. 우리나라 저작권 법 제25조(공표된 저작물의 인용)에는 "공표된 저작물은 보도 · 비평 · 교육 · 연구 등을 위해서는 정당한 범위 안에서 공정한 관행에 합치되게 이를 인용할 수 있다." 그러나 외국출판사의 자료를 많이 활용하는 과학기술자들은 국제화된 출판관례를 따르는 것이 더 중요하다. 표 1.7은 정보수집 후 자료를 사용하는 경우 인용에 대한 지식재산권 침해여부의 사례이다.

표 1.7 지식재산권의 침해여부의 사례[21]

사안	행위	침해여부
평론 위해 작품 전재	평론집 게재	상업목적 인용
평론 위해 작품 전재	신문 · 잡지 기고	문제 없음
논문에 그림 전재	학술지 게재	무단 인용
논문에 표 전재	인용동의 받아 학술지 게재	문제 없음
저작권 만료 전 사후 60년	저작물 인용	한미FTA 비준 시 지재권 침해
저작권 만료 후 사후 50년	저작물 인용	문제 없음
외국 저작물 인용	제3자 저작권자에 신고	지재권 침해
외국 저작물 인용	인용동의 받음, 신고	문제 없음
논문 엮어 보관	편집해 교재목적 복사	무단복제
논문 엮어 보관	복제 수 알려 동의 구한 뒤 복사	문제 없음
논문 전체의 20% 인용	학술지 게재	지재권 침해
논문 전체의 10% 인용	단행본 게재	문제 없음

※ 출처: 교수신문, 2008

3) 바꿔쓰기(고쳐쓰기, paraphrasing)

자신이 이해한 내용을 읽는 사람이 좀 더 이해하기 쉽게 하기 위해서 자신의 말과 표현으로 정확하게 전달하도록 바꿔서 설명한다. 원본으로부터 변화, 첨가, 첨삭 없이 그대로 저자의 아이디어를 제시하며, 원본과 동일한 양의 길이로 바꿔 쓴다. 또한 문헌의 출처를 밝힌다. 문장을 그대로 쓰되 단지 비슷한 단어로 바꿔 쓰는 것은 안 된다. 절을 전환하고 단어는 같게 사용하는 행위도 안 된다.

4) 요약(summarizing)

원본의 내용을 유지하되 저자의 아이디어를 압축하는 것이다. 요약은 원본의 양을 줄이나 바꿔쓰기는 그 길이(양)를 동일하게 한다. 원본의 의미를 정확하게 전달하되 원본의 출처를 인용한다. 원본의 양보다 현저히 짧게 줄이며, 자신의 단어를 사용하고 저자의 아이디어를 자신에 관련하여 설명한다. 원본의 문장체를 복사해서는 안 되고 자신의 것으로 해야 한다. 동의어를 사용해서 원 단어를 바꿔서는 안 되며 또한 인용 의미를 바꿔서도 안 된다.

4 요약

공학도는 연구수행 과정에서 종종 연구실험/관찰 보고서, 장비/기기 사용매뉴얼(안내서), 논문 등을 제출해야 한다. 이러한 문서를 작성하기 위해서는 사전에 충분한 정보수집이 선행되어야 한다. 또한 학생들은 자료를 정리한 후 문서로 작성할 때 표절을 주의해야 한다.

이 장에서는 자료검색과 자료이용에 대하여 과학문헌 종류, 생산 및 배포과정을 살펴보았으며 여러 과학문헌 데이터베이스를 소개하였다. 또한 과학문헌 제공기관 이용방법을 정리하였다. 자료검색이나 과제작성을 위한 국내 주요 포털사이트로 민간지식 생산기관의 자료와 국회도서관, 국립중앙도서관 등의 국가기관에서는 생산한 자료를 통합하여 검색할 수 있도록 서비스하고 있다. 이러한 포털 사이트의 지식검색은 각 기관과의 연계서비스로 이루어지기 때문에 해당 자료를 보거나 다운로드하기 위해 링크 정보를 선택하면 제공기관의 홈페이지로 연결되어 있다. 따라서 국가기관 자료는 대부분 회원가입만으로 원문 이용이 가능하고 민간기관의 자료일 경우는 유료로 서비스가 제공되고 있다. 찾고자하는 자료에 대한 서명, 저자, 출판사 등에 대한 정보를 알고 있을 때에는 소속기관이나 국가기관 사이트(한국교육학술정보원, 한국과학기술정보연구원 등)를 통해 검색을 하는 것이 보다 효율적이고, 필요한 경우 대학교 사서에게 문의하여 도움을 얻거나 문헌복사 서비스 등의 혜택을 받을 수 있다.

이 장에서 리포트 및 논문의 표절과 관련하여 표절개념과 참고문헌작성법을 소개하였다. 연구결과 공유와 자신의 업적을 이루는 과정에서 때때로 공학도들이 연구결과를 “위조(날조), 변조, 표절” 한다. 이러한 행위는 과학기술자의 진실성을 해친다. 이 세 가지 행위 중 “표절”은 자연과학에서는 남의 연구결과(업적)를 자기 논문의 결과처럼 사용하는 것뿐만 아니라 적절치 못한 인용도 표절로 볼 수 있다. 논문작성에서는 합리적인 근거 찾기 및 이전의 결과인용이 매우 중요한 방법이다. 글쓰기 훈련을 통해서 인용, 바꿔쓰기/고쳐쓰기, 요약 등의 학습을 필요로 한다. 적절한 인용은 표절을 피할 수 있을 것이다. 그러나 복사, 고쳐 쓰기, 요약, 직접인용 등의 지나친 방법으로 다른 사람의 업적을 사용하는 것은 표절이다. 즉 출판물에서 자신의 글과 아이디어를 사용하는 것이 중요하다. 적절한 인용 분량에 대해서는 10% 이내가 바람직하다.

참고문헌

1. 교육인적자원부 · 한국학술진흥재단, 《연구윤리 소개》, 서울: 교육인적자원부, 한국학술진흥재단, 2006
2. 조만형, 학술정보유통의 체계화를 위한 실태조사 및 정책방안 연구, 학술진흥재단, 정책연구-2006-06-정책, 2007
3. 사공철, 구자영 등, 과학기술정보의 이해, 한국도서관협회, 1997
4. The Encyclopedia of Library and Information Science, Vol 26, Marcel Dekker, 1979, pp. 394, Evolution of scientific information
5. 사공철, 문헌정보학용어사전, 한국도서관협회, 1996
6. 2009 KESLI 전자정보총람
7. 2008 KESLI 전자정보 엑스포 자료집
8. 교수신문, 2006년 9월 1일, 잘못된 관행, 표절의 생태학 ① 기획을 시작하며
9. 교수신문, 2006년 9월 15일, 잘못된 관행, 표절의 생태학 ② 어디까지가 표절인가
10. 교수신문, 2007년 7월 2일
11. 교육인적자원부 · 한국학술진흥재단, 《외국 대학의 연구윤리 확립 활동사례》, 서울: 교육인적자원부, 한국학술진흥재단, 2007
12. 서윤경, "대학생의 표절지식 및 행위에대한 조사연구" 「여성연구논총」 제22집(서울여자대학교 여성연구소), 113~130, 2007
13. 김형순, 글쓰기와 연구윤리, 2008 공학교육방법 workshop, 서울대 엔지니어하우스, 2008. 8. 20
14. 김형순, 올바른 논문저자와 표기와 연구윤리, 제2회 연구윤리 포럼, 교육과학기술부 2008. 6. 26
15. 김형순, 논문 10%만 고쳐써라!, 야스미디어, 2003
16. R. Menager-Beeley and L. Paulos, 2006, Understanding Plagiarism, Houghton Mifflin Co., NewYork, 2006, p7
17. 김태환, 《글쓰기교실 연구노트: 인용법》, 서울: 서울대학교 교수학습센터 글쓰기교실, 2006
18. 서울대학교 글쓰기 교실, "글쓰기교실," 2007. 11. 05. <http://writing.snu.ac.kr>

19. 이수상, 학술적 글쓰기에서 인용, 표절 그리고 저작권법의 문제, 도서관 Vol. 54, No. 3, 1999

20. 임인재, 김신영, 논문작성법, 서울대학교출판부, 2006

21. 교수신문, 2008년 5월 12일

22. 동아일보, 2007. 2. 20 “표절한국” 이젠 바로잡자 <1> 과제물 빌려 주는 것 표절강조, http://www.donga.com/fbin/moeum?n=dstory$c_613&a=v&l=12&id=200702200128 (2009년 6월 5일 검색)

23. 중앙일보, 2008. 6. 28 논문표절. 이중게재 판정 ‘법전’ 나와, http://article.joins.com/article/article.asp?total_id=3206319(2009년 6월 5일 검색)

CHAPTER 02

이공계 재학생을 위한 글쓰기

이공계 글쓰기는 사실과 의견으로 한정되는데,
여기서 '의견' 이란 사실에 근거하여 논리적으로 유도된 것이어야 한다.

—H. T. Filmer

1 서론

자연과학계와 공학계의 글쓰기 특징은 독자에게 전달할 내용이 사실(상황을 포함함)과 의견(판단과 예측을 포함함)으로 한정되어야 하며, 심정적 요소는 포함하지 말아야 한다. 따라서 이공계 문서를 쓸 때에는 첫째, 주제에 대하여 논의할 사실과 의견을 정선할 것, 둘째, 정선된 사실과 의견을 구별하여 논리적이며 간결하게 쓸 것을 항상 염두에 두어야 한다. 이런 종류의 문장은 '부드러움' 을 추구하다가 '애매함' 을 초래하는 것을 조심하여야 한다. 이 장에서는 실험보고서, 설계노트 및 설계보고서, 졸업논문, 연구노트, 연구논문 등 대표적인 이공계의 글쓰기에 대하여 기술한다.

2 실험보고서

실험보고서는 종종 두려움의 대상이다. 그 이유는, 대부분의 학생들은 중 · 고등학교 때부터 과학시간을 통해 실험이라는 학습방법에는 익숙하지만, 보고서를 쓰는 것이

익숙하지 않기 때문이다. 그래서 불행하게도 실험보고서는 종종 학생들에게 강제적인 숙제로만 인식되는 경우가 있다. 하지만 실험보고서의 본질은 강제적인 것이 아니며, 하루를 기록하는 일기처럼 실험을 하면 당연히 따라야 할 절차인 것이다.

2.1 작성요령

1) 실험노트

실험기록은 단순히 관찰이나 메모가 아니며, 실험을 전면적으로 검토하는 유일하고 귀중한 자료가 되어 결국에는 실험보고의 기초가 되는 것이다. 따라서 학생 실험이라는 생각을 항상 염두에 둘 필요가 있다. 실험목적의 요지로서 재료, 시약 및 농도, 방법, 측정치, 기타 관찰사항을 세밀히 기록해 두는 것이 좋다. 그렇게 하여 실험조작이 끝나면 바로 정리를 해두는 것이 바람직하다[1].

정리한 기록은 계산이나 실험 결과의 고찰에 필요한 것이기 때문에 스스로 믿을 수 있도록 기록을 하여 둘 필요가 있다. 기록은 실험을 할 때 현장에서 쓴 것으로 명확히 요점을 기입하는 것이 좋고, 이때 실험 데이터 이외의 것도 기록할 수 있는 마음가짐을 갖는 것이 좋다. 예를 들면 실험 중에 일어난 이상한 상태, 온도, 습도의 외적 요인 등은 나중에 고찰할 때 귀중한 자료가 되므로 세밀한 기록을 해두는 것이 바람직하다. 다른 종이에 써두면 분실할 염려가 있기 때문에 기록은 반드시 실험노트를 이용해야 한다.

2) 실험노트의 작성

사람들의 기억력에는 한계가 있기 때문에 실험을 할 때에는 반드시 실험노트를 준비하여 실험 중 발생하는 모든 일들과 실험결과를 정확히, 있는 그대로 기록하여야 한다. 일반적으로 실험노트를 작성할 때에는 다음과 같은 사항에 유의한다[2].

❶ 먼저 실험노트는 단단하게 묶여져 있는 것을 사용하여야 한다. 만약 그렇지 못하면 실험 중 기록하여 놓은 중요한 결과를 분실할 가능성이 있기 때문이다.
❷ 실험결과가 얻어지면 그 결과는 즉시 실험노트에 기록되어야 한다. 얻어진 실험결

과를 이용하여 어떤 계산을 한 후에 그 계산 값만을 노트에 기록하게 되면 계산의 잘못이 확인되었을 때 그 실험결과를 찾을 수 없기 때문이다.

③ 실험노트를 작성하면서 실험과정, 실험결과를 잘못 기록하였더라도 지우지 말고 보기 쉽게 표시하여 두어야 한다. 왜냐하면 똑같은 실수를 해결하거나 방지하는 데 도움을 주기 때문이다.

④ 실험노트는 다음과 같은 내용이 반드시 기록되어 있어야 하며, 짜임새 있게 작성되어야 한다.

- 실험자의 이름과 날짜가 기록되어 있어야 한다.
- 왜 이 실험을 하는지, 어떠한 결과를 얻기 원하는지에 대한 실험목적이 기록되어 있어야 한다.
- 실험과정 및 실험 중 얻어진 결과는 즉시, 있는 그대로 기록하여야 한다. 위에서 언급한 바와 같이 어떠한 내용도 지워져서는 안 되며, 실험 중 발생한 모든 일들을 짜임새 있게 기록하여야 한다.
- 실험결과를 계산하고 그림이나 표를 작성한다.
- 실험결과에 관하여 고찰하고 실험목적과 관련하여 나름대로의 결론을 내린 후, 실험에 관한 의문점이나 문제점 등을 기록한다.

2.2 구성 및 절차

실험보고서의 형식은 실험제목, 실험방법, 실험결과, 고찰의 순서로 쓰는 것이 일반적이다. 보고서는 기록과는 다른 것이다. 보고서는 타인이 보는 것이므로 독자의 이해가 원활토록 쉬운 문장으로 써야 한다. 특히 학생의 연습실험 등은 실험기록을 그대로 보고하는 경우가 있으나 이것은 보고서의 의의를 알지 못하는 행위이다. 보고서는 지금까지 행하지 않았던 실험결과에 대하여 실험자가 총정리하여 고찰한 것을 발표하는 유일한 수단이며, 때로는 실험자의 견해, 사상 등을 호소하는 수단이 된다. 단지 기록된 데이터를 나열하여 독자에게 호소하는 일이 없도록 해야 하며, 쉽고 간단명료한 문장을 써서 보고하는 것이 가장 이상적이다.

보고서의 일반적 구성은 다음과 같다.

① 표지(실험제목, 실험자명 등)
② 실험목적
③ 실험내용
④ 관련이론
⑤ 실험장치 및 방법
⑥ 실험결과 및 고찰
⑦ 결론
⑧ 참고문헌

보고서는 예비 보고서와 실험결과 보고서로 나눌 수 있으며 그 예는 다음과 같다.

1) 예비 보고서

예비 보고서는 실험을 하기 전에, 실험에 대한 사전 지식을 미리 습득한다는 것에 의의가 있다. 사전 지식을 이용하여 올바른 실험을 하면 학생 개인적으로는 흥미를 높여줄 수 있으며, 이해의 정도 또한 높아질 수 있다[3].

ex 쿨롱의 법칙

전기기초 예비보고서 학번: 20091234 성명: 홍길동

1. 실험제목	쿨롱의 법칙
2. 실험목표	쿨롱법칙을 이해하기 위하여 평행한 극판에 전압을 걸고 전자저울로 쿨롱의 힘을 측정한다.
3. 실험도구 및 장비	측정용 베이스: 마이크로미터 부착, AC/DC 전원공급기, 전자저울, 고압연결선, 전극판
4. 관련 이론	전하의 크기가 *Q1*과 *Q2*이고 거리가 *R*만큼 떨어진 두 입자(전하) 사이에 작용하는 힘의 크기는 $$F = k\frac{Q1Q2}{R^2}\ [N]$$ 로 주어진다.

여기서 상수 k는 $\frac{1}{4\pi\varepsilon_0}$로 주어지고 값은 8.99×10^9 N · m²/c²이다.

축전지가 대전되면 극판들은 같은 크기에 부호만 다른 $+Q$와 $-Q$의 전하를 갖는다. 축전기의 전하는 절대값 Q를 뜻한다. 두 극판 사이에는 포텐셜차 V가 존재하고 전하 Q와 포텐셜차 V는 서로 비례한다. $Q = CV$, 단면적 A, 평판간 거리 d인 평행평판 콘덴서의 전기용량 $C = \frac{\varepsilon_0 A}{d}$이다. 극판모양에 따라 변하는 비례상수 C는 전기용량이라고 부른다.

축전기를 대전시키는 데 필요한 일은 $W = \frac{Q^2}{2C}$이고 $W = Fd$와 같으므로 식을 F에 관해 풀면,

$F = \varepsilon_0 \frac{AV^2}{2d^2}$, 질량 $m = \varepsilon_0 \frac{AV^2}{2d^2 g}$로 얻을 수 있다.

5. 실험방법

1. 쿨롱의 법칙 실험장치의 이동지지대에 지름 125 mm 상부전극을 연결한다.
2. 이동지지대의 마이크로미터를 돌려 눈금이 약 15 mm가 되도록 조정
3. 디지털저울의 전원을 연결하고 하부전극을 저울 위에 올려놓는다.
4. 저울의 수평조절나사를 사용하여 상부, 하부전극이 거의 맞닿도록 조절한다.
5. 저울의 영점조절을 한다.
6. 전극에 전원을 연결한다. 단, 전원은 OFF이다.
7. 마이크로미터를 돌려 상하부전극이 맞닿는 위치를 기록한다.
8. 마이크로미터를 돌려서 맞닿은 위치에서부터 약 5 mm 떨어지게 한 뒤, 전원을 켠다.
9. 1 kV~10 kV까지 서서히 올리면서 저울의 값을 기록한다.
10. 전극간격을 변화시키면서 실험을 반복한다.
11. 전극판의 크기를 바꾸어 실험해본다.
12. 실험값과 이론치를 비교한다.

2) 결과 보고서

대부분의 실험은 팀 단위로 이루어지기 때문에, 보고서 역시 팀 단위로 작성하게 된다. 실험에서부터 역할 분담을 하여, 보고서 작성에서도 자신이 맡은 부분에 대해 책임을 진다. 팀원들이 각자의 역할을 마친 후에는 간단한 토의를 통해 협력하여 보고서 작성을 마치게 된다.

전전기기초실험 결과보고서

학번: 20901234	성명: 홍길동
학번: 20901111	성명: 김소희
학번: 20902222	성명: 유재석
학번: 20903333	성명: 박보아

1. 제목

   쿨롱의 법칙

2. 목적

   평행판 극판에 고전압을 걸고 전자저울을 사용하여 직접적인 쿨롱의 법칙 이해

3. 실험 장치도

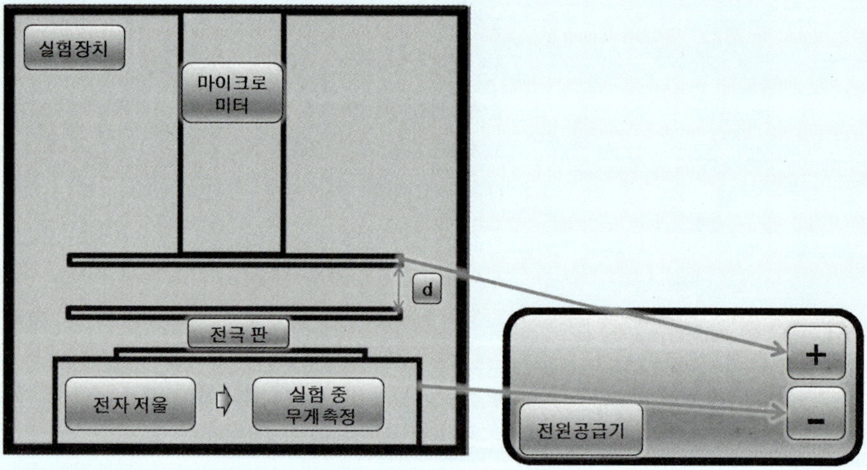

> 1. 저울의 영점 조절을 한다.
> 2. 마이크로미터를 조절하여 상부전극과 하부전극을 조절하여 저울의 눈금이 변하는 지점을 기록
> 3. 전압을 1 kV부터 10 kV까지 올려 저울의 값을 기록한다.

4. 실험 결과

직경 = 125 mm(A = 0.0123 m^2)								
전압 (kV)	d = 5 mm				d = 10 mm			
	m 측정(g)	m 계산(g)	오차(δ)	오차(%)	m 측정(g)	m 계산(g)	오차(δ)	오차(%)
0	0.00	0.00	0.00	0.00	0.00	0.00	0.00	0.00
1.0	−0.18	−0.22	0.04	20.00	−0.10	−0.06	0.04	50.00
2.0	−0.89	−0.89	0.00	0.00	−0.30	−0.22	0.08	30.77
2.5	−1.41	−1.39	0.02	1.43	−0.46	−0.35	0.11	27.16
3.0	−2.10	−2.00	0.10	4.88	−0.76	−0.50	0.26	41.27
3.5	−2.77	−2.72	0.05	1.82	−1.05	−0.68	0.37	42.77

※ Power Supply 고장 3.5 kV밖에 측정 못 함

직경 = 150 mm(A = 0.0177m^2)								
전압 (kV)	d = 5 mm				d = 10 mm			
	m 측정(g)	m 계산(g)	오차(δ)	오차(%)	m 측정(g)	m 계산(g)	오차(δ)	오차(%)
0	0.00	0.00	0.00	0.00	0.00	0.00	0.00	0.00
1.0	−0.38	−0.32	0.06	17.14	−0.07	−0.08	0.01	13.33
1.5	−0.79	−0.72	0.07	9.27	−0.17	−0.18	0.01	5.71
2.0	−1.39	−1.28	0.11	8.24	−0.26	−0.32	0.06	20.69
2.5	−2.25	−2.00	0.25	11.76	−0.44	−0.50	0.06	12.77
3.0	−3.13	−2.88	0.25	8.32	−0.70	−0.72	0.02	2.82
3.5	−4.25	−3.92	0.33	8.08	−0.96	−0.98	0.02	2.06

※ Power Supply 고장 3.5 kV밖에 측정 못 함

5. 분석

$m = \varepsilon_0 \frac{AV^2}{2d^2 g}$을 통하여 이론값을 구하였으며, 전압값을 0.1 kV씩 변화시키는 것이 원래 실험이었지만 전원공급장치(Power Supply)의 고장으로 0.5 kV씩 변화시켜 질량의 변화를 측정하였다.

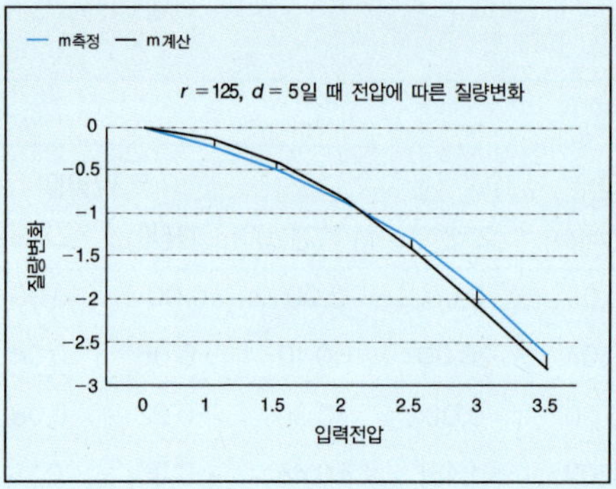

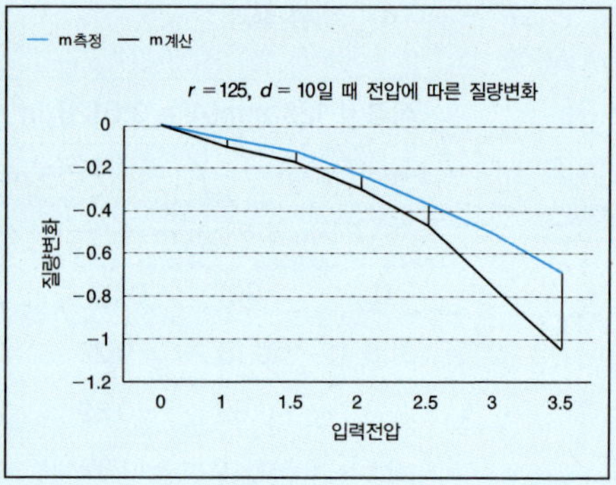

r = 125, d = 5와 r = 125, d = 10일 때의 측정 m과 계산 m을 그래프로 비교해 보았다. r =125, d = 5보다 r = 125, d = 10의 오차가 더 큰 것을 알 수 있다.

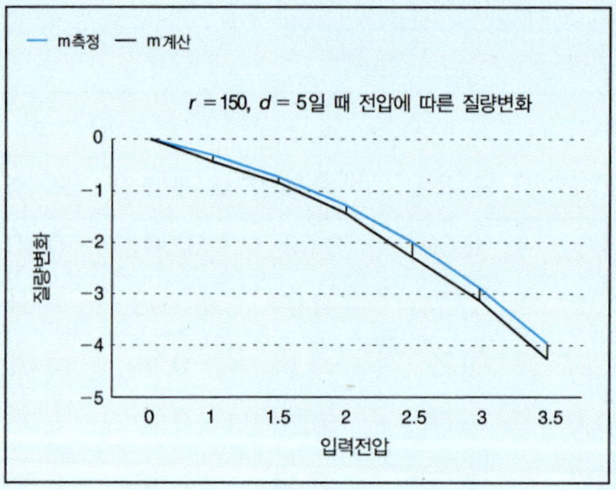

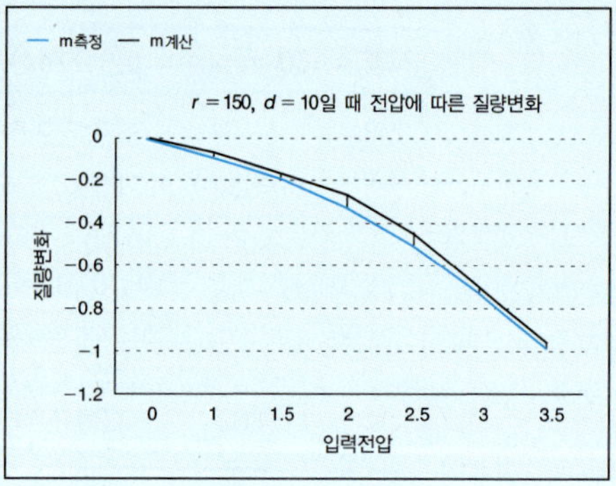

마찬가지로 r = 150, d = 5와 r = 150, d = 10일 경우에도 측정 m과 계산 m을 그래프로 비교해 보았다. r = 125일 경우보다는 오차가 적은 것을 알 수 있다.

오차가 있기는 하지만 4개의 그래프를 통해 입력 전압이 높아질수록 질량이 비례하여 작아지는 것을 알 수가 있다.

6. 토의

길동: 전자저울이 매우 민감한 물건이기도 하고 수평수포까지 정확히 맞춰야 하기에 실험 준비에 많은 시간이 걸렸던 것 같다. 그리고 파워 서플라이의 고장으로 3.5 kV까지 전압을 입력할 수밖에 없어 아쉬웠다.

소희: r = 125, d = 5의 실험은 측정값도 잘 나왔지만 r = 150, d = 10 실험에서는 전자저울의 수평수포와 측정 베이스의 수포가 맞지 않았던 것 같다.

재석: 그리고 베이스 안이 진공상태였을 때 더 정확한 측정값이 나왔을 것 같다. 진공상태가 아닌 것도 오차의 이유 중 하나가 아닐까 하는 생각이 든다.

보아: 그래도 $r = 150$, $vd = 10$일 때 측정값은 잘 나온 것 같다. 측정값과 비교하기 위해 계산값을 구할 때, 이상한 수가 나와서 많이 당황했다. N값이 기준인데 계산값은 g값으로 나왔으니깐 말이야.

7. 결론

이 실험을 통해서 전하들의 힘을 받아서 전극판의 무게 변화를 볼 수 있었고, 이 질량변화에 따른 힘의 크기를 쿨롱 힘의 이론적인 값들과 비교하였을 때에 서로 비슷하게 나온 것을 보고 같은 물리량임을 알 수 있었다. 실험에서 여러 요인들로 인하여 오차가 발생하였으나, 실험은 비교적 성공적으로 끝난 것 같다. 실험여건 특히 수평수포 조절이 힘들었다. 실험기구를 놓은 곳의 수평도가 높았다면, 이보다 더욱 정확한 실험결과를 얻을 수 있었을 것이다.

2.3 실험보고서의 양식

1) 표지

실험 보고서

실험제목: 기초 진동실험

과 목 명 기계공학 실험 I
담 당 교 수 홍길동
학 과 기계공학과
학 번 20XXXXXX
이 름 홍길동
제 출 일 자 20XX년 XX월 XX일

- 실험주제 및 실험한 사람의 인적사항을 알려주고 실험보고서를 보호하는 역할
- 표지에 기록되는 것: 실험제목, 과목명, 담당교수, 학과, 학번, 이름, 제출일자
- 제목은 실험교과목에 나와 있는 그대로 표기

2) 실험목적

- 실험을 하는 목적에 대하여 전체 내용을 잘 나타내는 용어를 선택하여 작성
- 실험목적의 내용:
  - ▷ 실험이 필요한 이유
  - ▷ 어떠한 결과를 찾아내려고 하는지에 관한 정보
- 실험목적 작성방법:
  - ▷ 너무 길지 않고 간단명료하게 작성
  - ▷ 목적이 여러 가지인 경우 개조식 작성

3) 실험내용

- 실험목적을 달성하는 데 필요한 주요 실험내용들을 정리하여 기록
- 실험내용의 작성: 주요 항목에 대하여 개조식으로 작성

4) 관련 이론

- 실험의 내용에 관련된 이론적 배경과 원리에 대하여 설명⇒이론은 측정된 데이터가 물리적으로 타당한 결과인지에 대한 근거를 제시
- 실험관련 이론의 역할:
  - ▷ 실험의 내용에 대한 기본원리를 파악
  - ▷ 관련되는 물리적·공학적인 현상을 이해

5) 실험장치 및 방법

- 먼저 실험에 필요한 실험장치나 데이터를 얻는 데 사용할 계측장비 등에 대하여 조사하여 기록
- 실험장치 설명방법:
  - ▷ 각 장비에 대한 설명 및 작동 설명,
  - ▷ 이해를 돕기 위한 도면 혹은 사진 첨부
  - ▷ 기후조건에 대해서도 기록

- 실험방법의 설명방법:
  - ▷ 실험장치의 각 부분에서 측정하여야 하는 항목 및 변수의 변화를 측정하기 위한 측정기 설명
  - ▷ 측정장비의 조작 및 교정방법 및 데이터 분석방법에 대한 설명
  - ▷ 실험 일련순서에 대한 설명, 실험방법 및 순서 도식화

6) 실험결과 및 고찰

- 측정한 값을 한 눈에 잘 알아볼 수 있도록 체계적으로 기록
- 실험결과 작성방법:
  - ▷ 실험에서 얻은 결과가 이론과 일치하는지 여부 검토
  - ▷ 측정값은 계측장비 범위까지 기록하고 유효숫자를 고려
  - ▷ 그림이나 표를 사용할 때, 통제변수 및 독립변수, 종속변수의 관계를 정확히 파악

7) 결론

- 결론:
  - ▷ 수행한 실험의 내용에 대하여 간략히 설명
  - ▷ 실험목적 및 내용에 비추어서 실험결과에서 알아낸 중요한 사실을 실험자의 판단에 근거하여 제시
  - ▷ 실험을 수행한 소감에 대하여 기록

8) 참고문헌

- 보고서를 작성하면서 참고한 문헌 기록
- 참고문헌 작성방법
  - ▷ 책을 참고한 경우: 저자명, 서명, 출판사, 출판지와 출판년도
  - ▷ 전문학술지의 경우: 저자명, 논문명, 학술지이름, 권수, 인용페이지, 발행연도
  - ▷ 인터넷 자료의 경우: 참고한 사이트

2.4 작성 시 유의사항

1) 실험목적 작성시

실험의 목적 및 원리는 교과서에 있는 그대로 작성할 필요가 없다. 교과서의 일반적인 내용을 충분히 파악하여 요점만을 간략하게 기술하되, 목적에 대하여 실험자 스스로의 의도에 따라 가정하여 작성함이 더 좋을 것이다.

2) 실험장치 및 방법 작성 시

실험방법은 실험이 실시된 과정을 간략하게 기술하며, 실험장치의 설명은 중요하고 대표적인 것만 간결하게 나타낸다.

3) 실험결과 및 고찰

❶ 측정 데이터는 실험실에서 기록된 것이어야 하며, 데이터 전체를 대표하는 평균값과 표준편차를 계산하고 평균치의 오차(편차)를 구한다.

❷ 그래프나 표에서는 반드시 물리량과 단위를 명기하여 수집된 자료를 논리적으로 표현한다. 그리고 사용한 표나 그림에 대해서는 충분히 설명해야 한다. 또한 그림의 수가 너무 많으면, 중요한 부분만 본문에 나타내고 나머지는 부록에 삽입한다.

❸ 실험결과의 검토는 실험에서 무엇이 발견되었는지 계산의 중요한 과정을 기술한다. 되도록 결과는 도표를 만들어 요약한다. 객관적으로 그 실험보고서를 통해 의도하는 바가 입증되었는지를 알아볼 수 있도록 실험결과를 나타낸다. 만약 오차가 발생했을 경우, 본인의 의견을 분명히 제시해야 한다.

이상의 실험보고서 작성을 위해서는 정확성(accuracy), 객관성(objectivity), 검증성(verification), 불편성(不編性 impartiality), 평이성(平易性 readability) 등의 바탕 위에 실험 데이터를 정리 종합하여 평균치, 오차, 표준편차를 계산하고 결론을 얻은 다음, 보고서를 작성함으로써 실험 과정을 끝맺는다[4].

위의 경우는 비교적 엄격한 형식적 보고서에 준하는 것이며, 대학의 저학년에서는 위의 사항들에서 몇 가지 중요 부분으로 구분지어 보고서를 작성하는 경우도 있다. 즉 실험목적, 실험의 이론과 방법, 실험의 데이터와 결과, 자기의 의견 정도의 구분으로 실험보고서를 작성한다.

3 설계노트 및 설계보고서

공학교육인증을 위해서 요구되는 설계학점은 총 18학점 이상이다. 설계의 이수체계는 기초설계, 요소설계, 종합설계(Capstone Design)로 갖추어진다. 기초설계는 대부분 '창의적 공학설계' 라는 과목명으로 3학점 개설되며, 1학년 개설을 원칙으로 하고 늦어도 2학년 1학기까지는 이수하여 설계의 기초 이론과 공학적 사고 방법을 숙지하도록 한다. 요소설계는 2, 3, 4학년 때 배우는 전공과목으로 설강되며 그 형태는 3학점 모두 설계 학점으로 되기도 하나, 대부분의 경우 이론과 설계의 비율이 2:1 혹은 1:2로 구성된다. 종합설계는 공과대학 재학 중 배운 모든 전공 지식을 활용하여 한 개의 프로젝트를 완성하는 것으로 학습성과 평가의 매우 중요한 도구이다. 종합설계는 대학과 전공에 따라서 4학년 한 학기(3학점) 또는 두 학기(6학점)에 개설되고 있다. 여기서는 설계과목을 이수할 때 요구되는 설계노트와 설계 보고서 작성법을 소개한다. 최근 설계노트와 종합설계 보고서는 취업 시 매우 중요한 평가자료로 활용되고 있다.

3.1 설계노트 작성의 중요성

- 의사소통의 시작은 원천 정보인데, 공학설계(보고서 또는 구술발표)에서는 설계노트가 원천 정보인 경우가 많다.
- 설계 작품 구현 과정이 시간 순으로 기록되어 있으며, 목표 제품의 초기 시장조사와 제품의 제조를 위한 설계사양에 대한 기본적인 정보가 수록되어 있다.
- 설계노트는 몇 년 후에라도 일련의 이벤트들을 정확히 상기시킬 수 있는 자료로 활용될 수 있다.
- 저작권이나 지적재산권을 만들 때 증빙 자료로 매우 유용하다.
- 공학설계 활동의 필수 사항이다[5].

3.2 설계노트 작성 시 유의 사항

- 내구성, 하드 바운드, 그리고 쪽 번호가 연속적으로 매겨져 있어야 한다. 제목은 내구성 잉크로 쓰고, 날짜를 기록하며, 페이지를 뜯어내지 말아야 한다.
- 프로젝트 번호나 명을 반드시 기입한다.
- 설계 프로젝트와 관련된 모든 업무가 기록되어야 한다.
- 제반 계획, 계산, 관찰, 실험절차 및 실험으로부터 시작품 시험에 이르기까지 나중에 제3자가 보고 재현할 수 있도록 상세히 기록하여야 한다.
- 설계노트는 이벤트를 기록한 다이어리이므로 중요한 일정, 회의, 참석자 명단을 기록한다.
- 프로젝트가 진행됨에 따라 생기는 중요 정보에 대한 색인 표를 설계노트의 시작부분에 만든다. 지면을 넓게 사용함으로써 추가정보를 기입할 수 있어야 한다.
- 틀린 부분은 버리지 말고, 줄을 긋고 서명을 한다. 그에 대한 정정판은 여백이나 다음 페이지에 수록한다.

3.3 종합설계 과제 수행 시 고려 사항

설계과목 중에서 가장 중요한 종합설계(Capstone Design) 과제 수행 시 고려하여야 할 사항을 아래에 열거하였다[6].

- 수행계획서, 주간 활동 보고서, 개인별 수행 발표 등 지속적인 보고서 제출, 발표 평가가 반드시 수행된다.
- 제품 설계 시 CAD/CAM/CAE를 활용한다.
- 재료 조달, 경비사용 절차를 숙지하고 규정에 맞추어 집행한다.
- 제품 제작 과정이 심사 평가항목에 포함된다.
- 수정 및 완성과정이 제시되어야 한다.
- 발표 평가, 작품 경진대회(외부 평가위원 참여)를 통하여 평가된다.
- 경진대회 시 공식적인 행사(정장차림 발표, 우수상 상품, 상장 수여, 산업체, 구성원 참여 격려)로 치러지는 경우가 많다.

3.4 종합설계 계획서, 제안서, 면담일지 양식

종합설계(Capstone Design) 수행계획서, 과제 제안서, 면담일지 양식을 다음에 제시하니 참고하기 바란다[6].

종합설계(Capstone Design) 수행계획서

<table>
<tr><td colspan="2">수행 분야</td><td colspan="6">졸업 작품 제작[ ] 외부 경진 대회[ ] 연구논문[ ]</td></tr>
<tr><td colspan="2">과제명</td><td>국문
영문</td><td colspan="5"></td></tr>
<tr><td colspan="2">지도 교수</td><td></td><td></td><td colspan="4">참여 기업 유, 무</td></tr>
<tr><td rowspan="5">팀
구
성</td><td>성 명</td><td></td><td></td><td></td><td></td><td></td><td></td></tr>
<tr><td>학 번</td><td></td><td></td><td></td><td></td><td></td><td></td></tr>
<tr><td>연 락 처</td><td></td><td></td><td></td><td></td><td></td><td></td></tr>
<tr><td>사 진</td><td></td><td></td><td></td><td></td><td></td><td></td></tr>
<tr><td>담당분야</td><td></td><td></td><td></td><td></td><td></td><td></td></tr>
<tr><td colspan="2">작품제작
소요비용</td><td>총
액</td><td></td><td>자기부담금
학부지원금
기업부담금
(현물포함)</td><td colspan="3"></td></tr>
<tr><td colspan="8">참가외부경진대회 일정</td></tr>
<tr><td colspan="3">경진대회명칭</td><td colspan="2">기간</td><td colspan="3">주관기관</td></tr>
<tr><td colspan="3"></td><td colspan="2"></td><td colspan="3"></td></tr>
<tr><td colspan="8">전기공학부 Capstone Design 과제 규정에 따라 과제를 성실히 수행하고 제반 의무를 수행할 것을 약속하며 계획서를 제출합니다.

지도교수 확 인:

년 월 일

과제수행 책임자: (서명)

○○공학부 ○○전공 주임 귀하</td></tr>
</table>

종합설계(Capstone Design) 과제 제안서

과 제 명			
학 과 명		지도교수	(서명)
구 성 원			
연구기간		작성일자	

1. 과제 필요성(현재 기술수준과 비교하여 기술)
2. 과제 내용
3. 소요 예산(직접 재료비만 지원)
4. 일정 계획
5. 기대효과 및 활용방안

종합설계(Capstone Design) 면담일지

면담차수: 월 차

<table>
<tr><td>과 제 명</td><td colspan="4"></td></tr>
<tr><td>과제형태</td><td colspan="4">□ 졸업작품 □ 경진대회 □ 연구논문 □ 기타 ( )</td></tr>
<tr><td>출 석 자</td><td colspan="4"></td></tr>
<tr><td>지적사항
요약</td><td colspan="4"></td></tr>
<tr><td>수행내용
요약</td><td colspan="4"></td></tr>
<tr><td>지도교수
지적사항</td><td colspan="4"></td></tr>
<tr><td rowspan="5">채점표
(점)</td><td>학습성과</td><td>채점내용</td><td>배점</td><td>점수</td></tr>
<tr><td></td><td></td><td></td><td></td></tr>
<tr><td></td><td></td><td></td><td></td></tr>
<tr><td></td><td></td><td></td><td></td></tr>
<tr><td></td><td></td><td></td><td></td></tr>
<tr><td>면담일자</td><td colspan="2"></td><td>지도교수</td><td>(인)</td></tr>
</table>

※주의사항: 지도교수님 면담은 최소 월 1회 이상 진행해야 하며(경진대회 및 연구보고서는 2회), 작성된 면담일지는 **전공사무실에 매월 말일까지 원본을 제출**하고 면담일지 사본 및 단계별 보고서는 졸업작품 포트폴리오(별도 바인더)에 보관하여 지도교수님 면담 시 항상 휴대할 것.

3.5 설계 최종 보고서 작성방법

1) 보고서 내용기술

- 목차에 의거하여 작성하되 자세한 내용은 자유롭게 기술
- 목차 중 과제의 특성상 해당되지 않는 항목은 생략 가능(예: 소프트웨어 개발과제의 경우 기구설계/회로설계 생략 가능).
- 목차 중 상기 항목이 과제의 특성상 필요하다고 판단되는 항목에 대해 추가하여도 무방(예: 연구논문의 경우 실험내용 등).
- 본문에 삽입되는 그림 및 표의 경우 제목을 함께 명시하여 제목 앞에 일련번호를 부여(예: 그림 2-1. 시스템의 기본 구성 및 작동원리).

2) 보고서 작성의 일반 양식

- 설계보고서 분량은 최소 25쪽 이상
- 보고서 내용은 바탕체, 폰트 11로 작성(표는 돋움체)
- 줄간격은 160%로 작성
- 여백: 위-200 mm, 아래-15 mm, 왼쪽-30 mm, 오른쪽-30 mm, 머리말-15 mm, 꼬리말-15 mm
- 보고서 내용에 페이지를 기재하며 목차에 해당하는 페이지 명시(# 표시부분)

최종 보고서의 표지, 목차, 활용도구 등에 대한 양식이 다음에 제시되어 있다.

3) 참고문헌 작성방법

- 참고문헌 및 참고사이트는 본문에서 언급된 내용이 모두 포함되어야 하며, 일련번호를 부여하여 본문 중에서 언급할 때 참조하도록 할 것.
- 참고문헌 작성 예(구체적인 것은 연구논문에서 제시하고 있음)

[1] Y. Kuroki, T. Ishida, J. Yamguchi, M. Fujita, and T. Doi, "A small biped entertainment robot", Proc. IEEE/RSJ Int. Conf. on Humanoid Roborics, pp. 181-186, 2001.

- 본문 중 참고문헌 인용사례:

한편 일본의 소니社에서는 소형 엔터테인먼트 로봇인 SDR 시리즈[1]를 수년간에 걸쳐 개발하였는데, 이 중 최신 모델인 QRIO의 경우 신장이 580 mm인 반면 중량은 6.5 kg로 획기적으로 감소시켜 휴머노이드 로봇의 상용화를 한 발 앞당겼다는 평가를 받고 있다.

▶ 최종보고서 양식 1

바탕체, 폰트 15, 진하게, 왼쪽 정렬

○○○○년 종합설계(Capstone Design) 최종보고서

작품명

헤드라인, 폰트 32, 가운데 정렬

굴림, 폰트 15

수행분야	졸업작품제작/외부경진대회/연구논문	
지도교수	000교수님	확인
팀 원	학번	이름
	학번	이름
	학번	이름
	학번	이름
	학번	이름

OO공학부 OO전공

▶ 최종보고서 양식 2

목 차

▶ 최종보고서 양식 3

4. 작품 개발과정에서 활용한 공학적 도구

분야	사용 도구	활용 내역
CAD		
CAE		
Programing		
마이크로컨트롤러		
기타		

주) 1. 작품 개발 과정에서 활용한 공학적 도구 및 세부내역 표시

2. 분야별로 여러 개의 도구를 사용한 경우에는 별도의 칸을 만들어서 작성

3. 상기에서 제시된 분야 이외의 경우 기타 항목에 작성

(예시) 삭품 개발 과성에서 활용한 공학적 도구

분야	사용 도구	활용 내역
CAD	AutoCAD	2차원 도면 작성
	Pro/E Wildfire	3차원 모델링 및 무게 계산
CAE	ANSYS	부품 강도 및 변형량 계산
	Pro/Mechanica	작품 구동 과정 simulation
Programing	Visual Basic	영상처리 S/W GUI 구성
	MATLAB제어	알고리즘 구현
마이크로컨트롤러	PLC	모터 제어
기타	–	

4 졸업논문

공학교육인증이 활성화되면서 최근 공과대학을 졸업하기 위해서는 종합설계 작품 및 보고서 제출이나 졸업논문 제출이 필수가 되어가는 추세이다. 여기서는 졸업논문 작성에 대한 설명을 한다.

4.1 개요

학위논문을 쓰는 것은 학술지 연구논문과 큰 차이가 없으며 석사학위나 박사학위논문의 경우는 저자와 관련된 분야에서 더 많은 의견이 들어가는 특징이 있다. 하지만 학부 졸업논문은 연구의 깊이와 넓이에 있어서 석 · 박사학위논문과 비교할 정도는 아니나, 졸업논문과 수업보고서를 쓰는 것에는 큰 차이가 있다.

4.2 주제선정

대부분의 학위논문 저자들은 주제를 잡을 때 너무 넓은 주제를 잡거나 많은 내용을 담으려고 하는데, 이것은 주의해야 한다. 아래의 제시되는 조언들을 기억하라[7].

1. 중요한 이슈를 서술하기 충분할 정도로 주제를 넓게 잡는 것이 좋지만, 주어진 시간에 맞게 정리할 수 있도록 주제를 좁혀야 하는 필요성도 있다. 자신이 주제에 대해 모든 것을 이해하는 것처럼 느끼기 위해서는 6개월 내외의 시간이 필요할 것이다.
2. 자신에게 주어진 특이사항 및 제한사항에 대해 인식을 해야 한다. 예를 들어 자신의 프로젝트를 연구실에서 수행해야 한다면, 자신에게 주어진 시간 안에 얼마나 합리적으로 일을 해결할 수 있을지 판단할 수 있어야 한다.
3. 일단 연구가 시작되면 자신의 주제가 더 넓어 보이게 인식될 수 있도록 노력해야 한다. 자신의 주제가 흥미롭고 알차다면, 새로운 이슈와 아이디어는 항상 도출될 것이다. 그렇기 때문에 가능한 한 독창적인 아이디어가 나올 수 있도록 최선을 다해라. 자신의 의견을 하나의 단락으로 정리할 수 없다면 선택한 주제는 너무 넓은 것이다.

④ 자신이 논문을 쓰는 동안에 토론하고 수강하고자 하는 적절한 수업에 대해 생각하라. 이런 것들을 미리 상세하게 고려하면 시간을 상당히 절약할 수 있다. 그래서 자신은 다른 학술활동에도 결합될 수 있다는 것을 인식할 수 있다(연구를 명확히 할 수 있는 수업과 연구에 의해서 다른 수업을 명확히 하는 점에서).

4.3 시간계획

대부분의 학생은 논문 작성에 들어가기 이전에 논문과 관련된 책들을 충분히 읽어야 한다는 것을 알고 있을 것이다. 그리고 자신의 논문을 마치는 순간까지 충분히 많은 지식들을 이해해야 한다는 것 또한 알고 있을 것이다. 모든 학생은 초기에 자신의 논문에 대한 내용에 대하여 명확하게 이해하고 있기를 원할 것이다. 그러나 논문을 쓰는 동안에도 적절한 읽을거리를 지속적으로 찾아야 한다는 점을 명심해야 한다. 대부분의 학생들은 졸업학기 동안 연구와 졸업논문에 관련된 책을 읽는 것에 집중할 것이다. 연구수행을 위하여 시간이 얼마나 걸릴 것인지 계산을 해보면, 자연과학을 전공하는 학생들은 일주일에 25시간 이상 소요될 것이라고 생각한다. 공학 실험 연구와 분석에 관련된 졸업논문을 쓴다면, 자신의 지도교수에게 시간계획에 대하여 상담을 받아야 한다. 장비 사용여부와 같이 자신이 생각지 못한 불가항력적인 사항이 빌생할 수 있으며, 시간계획에 큰 영향을 끼칠 수 있다.

대부분의 졸업논문 작성자는 노트 필기한 것들이나 시험을 위해 정리를 했던 것들을 읽고 실제로 글을 쓰는 데 가을 학기의 대부분을 보낼 것이다.

4.4 논문관련 읽기 전략

자신이 처음 논문을 쓰기로 계획하면서 기대했던 것에 대해 정확히 알 수 없는 것이 있을 수 있다는 사실을 인정하고 이해하는 것이 요구된다. 논문을 쓰는 초반에는 읽을거리를 잘 찾아야 한다. 책을 읽음으로써 현재의 논문에 대한 접근방법이 더 많이 제시되고, 자신이 더 흥미를 가지고 있는 분야에 대해 알 수 있게 되며, 새로운 학문활동에 더 많은 기회가 제공된다. 논문을 위하여 과학실험을 했더라도 자신이 초반에 가지고 있었던 연구 문제점에 대해 수정할 수 있는 유연함을 가지고 있어야 한다. 연구를 시작하면서부터 의문을 가질 수 있으며, 더 나아가 그 의문은 정제되고 발전되어갈 수 있기 때문이다. 그리고 인용을 할 경우, 반드시 각주를 달아야 한다는 사실을 명심해라. 이러한 전략은 자신의 아이디어를 집결시키는 데 큰 도움을 줄 것이다. 그리고 깊게 조사하지 않은 분야에서 중요하지 않은 주제는 축소할 수 있다[8].

4.5 연구결과 쓰기

여기서 얻을 수 있는 가장 유용한 정보는 연구과정을 어떻게 글로 쓸 수 있느냐 하는 것이다. 모두 인식하고 있듯이 메모를 하는 것은 매우 중요하다. 자신이 읽은 모든 것들에 대해 짧게라도 요약하여 써놓으라. 그것은 연구논문을 쓰기 위해서도 좋은 습관이다. 졸업 프로젝트를 진행하는 동안 노트했던 것들을 잘 보관하거나 사용했던 자료의 출처를 유지할 수 있도록 해야 한다. 만약 자신이 활용하고 있는 정보가 어디서 왔는지 확인할 필요가 있을 때, 이러한 작업들은 많은 시간 절약을 가져다 줄 것이다.

요컨대 연구과정을 논문을 쓰는 작업과 분리하여 진행하지 말라. 인문학, 사회과학, 자연과학 등 어느 분야를 막론하고, 그 분야의 글을 쓰고 있다면 자신의 사전 실험을 끝내기 전에 이미 초고를 쓰고 있어야 할 것이다[9]. 많은 것들이 쓰는 도중에 바뀌겠지만 글쓰는 과정 자체는 어떠한 연구가 더 필요한지 그리고 자신의 의문사항에 답을 얻기 위해서도 유용하다. 학생들은 "대부분의 아이디어는 글쓰기 없이 읽기만으로 나오지 않는다"고 종종 말한다. 연구과정 동안 글쓰기는 자신의 사고과정과 의문, 도출과정의 기록을 유지하는 매우 중요한 역할을 한다.

4.6 논문형 문장 쓰기

다른 모든 논문들과 같이 졸업논문은 깔끔한 문장이 되어야 한다. 졸업논문에서 다음과 같은 사항을 확인할 필요가 있다.

❶ 쓰인 문장이 간결하고 평서체로 되어 있는가? 논문을 의문형으로 표현하지 말고 주제에 맞게 써라.

② 논쟁의 여지가 있는 글인가? 논문에 쓰인 문장에 논쟁거리가 없다면 논문 프로젝트는 흥미가 없을지도 모른다.

③ 잘 정리되어 있는가? 연구범위가 너무 크거나 작지 않아야 한다.

④ 자신의 연구와 잘 관련되어 있는가?

⑤ 자신의 특유 주장이나 연구에 대한 독창적이고 흥미롭고 진보성이 있는 것을 부각시켜라. 이럴 때 독자는 당신의 연구를 읽기 원할 것이다.

4.7 논문 구조잡기

논문 구조에 대해 생각할 때, 가장 중요한 것은 개요 잡기이다. 우리가 책을 읽으면 아이디어 사이의 관계를 알게 될 것이다. 읽으면서 이러한 관계를 생각하고 모호하더라도 자신이 생각하고 있는 형식으로 첫 번째 개요를 잡아라. 물론 이러한 개요는 자신의 생각이 구체화됨에 따라 바뀔 수 있다. 그러나 자신이 만들어낸 각각의 개요는 아이디어와 논제를 발진시키는 데 유용하게 작용할 것이다.

논문을 쓸 때, 논문 전체의 개요를 잡는 것보다 각 장에 따른 개요를 생각하는 것이 더 효과적일 것이다. 심지어 각 장들은 연구하고 쓰고 편집하는 데 효율을 높일 수 있는 좋은 단위이다. 그러나 내용들을 유기적으로 통일성 있게 결집할 수 있는 글쓰기를 위해서는 많은 시간을 쏟아야 한다는 사실을 명심해야 한다.

4.8 논문수정 과정

학생들은 논문에서 어려운 문제점과 유기적이지 않은 장의 수정을 꼭 해야 하며, 또한 2개 이상의 연구계획서를 작성할 것을 추천한다. 여기에 수정을 할 때 스스로에게 묻는 많은 질문들이 있다. 이러한 질문들은 자신의 수정 과정이 체계적이고 효과적으로 보일 수 있게 한다[10].

- 논문을 통해 당신의 주장과 의도가 명확히 담겨 있는가?
- 논조는 적절한가?

- 독자를 고려하고 있는가? 주제에 대해 독자들은 이해하고 있는가?
- 주장을 담은 내용 전달을 위해 주제에 대한 관점을 독자에게 전달하였는가?
- 논문의 서론에서 아이디어를 명확하게 전달하였는가? 그것의 중요성을 설명할 수 있는가? 배경 정보를 제공할 수 있는가? 독자의 관심을 끌 수 있는가? 논문을 위해 명확한 계획을 제시할 수 있는가? 논문을 명확하게 발표할 수 있는가?
- 논문의 논리적 순서 안에 중요한 관점을 담고 있는가?
- 증거와 분석의 적절한 사용에 의해 자신의 주요 관점이 전달되고 있는가?
- 논문 속의 문장은 논리성을 갖고 순차적으로 전환되고 있는가?
- 서론과 각 장으로부터 결론이 논리적으로 연결되는가?

유의점: 지도교수는 수정과정에서 매우 중요한 역할을 한다. 지도교수는 그 분야에 있어 여러 문제점에 대한 조언을 해줄 수 있으므로, 자신의 논문에 대한 의문사항에 대해 묻는 것을 주저하지 말아야 한다. 지도교수뿐 아니라, 학과의 다른 교수들도 졸업논문 작성에 많은 도움을 줄 수 있다.

4.9 졸업논문 작성 양식

다음은 졸업논문 작성 양식의 예시이다.

▣ 공과대학 졸업논문 작성 서식 ▣

1. 학위논문은 **한국어로 작성함을 원칙**으로 하나, 지도교수의 승인에 따라 외국어로 작성할 수 있다.

2. 논문양식(흔글)

가. 편집용지: 가로 188 mm × 세로 257 mm 나. 여백: 위쪽 15 mm, 아래쪽 21 mm 왼쪽 24 mm, 오른쪽 21 mm 머리말 5 mm, 꼬리말 8 mm

다. 글자모양

큰제목: 16Point, 휴먼명조(또는 신명조), 진하게

중간제목: 13Point, 휴먼명조(또는 신명조), 진하게

본문: 11Point(180%), 들여쓰기: 3ch, 정렬방식: 혼합

인용문: 11Point(160%), 왼쪽 여백을 본문으로부터 한 탭(Tab) 들여쓴다.

각주: 10Point(140%)

라. 논문표지: 붙임참조

마. 참고문헌: 본문과 동일

3. 제본방법

학위논문을 작성 완료한 후 제본규격에 맞도록 장정(裝幀) 및 제본하여야 한다.

가. 판종: 4 × 6배판(188 mm × 257 mm)

나. 제본식: 클로스 양장

다. 표지색깔 및 활자: 석사학위 논문은 남색, 박사학위 논문은 흑색, 활자는 금색으로 한다.

4. 학위논문 구성 및 순서

- 겉표지
- 속표지(국문 또는 영문)
- 인정서
- 목차
- 그림 및 표 목차
- 국문요약
- 영문요약
- 요약문은 2페이지 이내로 작성하며, 하단부에 Key Words를 기입한다. 본문을 영문으로 작성할 경우 영문요약을 앞으로 작성한다.
- 본문

- 결론
- 참고문헌

5. 각주 및 참고문헌 작성법

각주 및 참고문헌 작성법은 학과내규 또는 전공학회 편집규정을 참조한다.

표 지

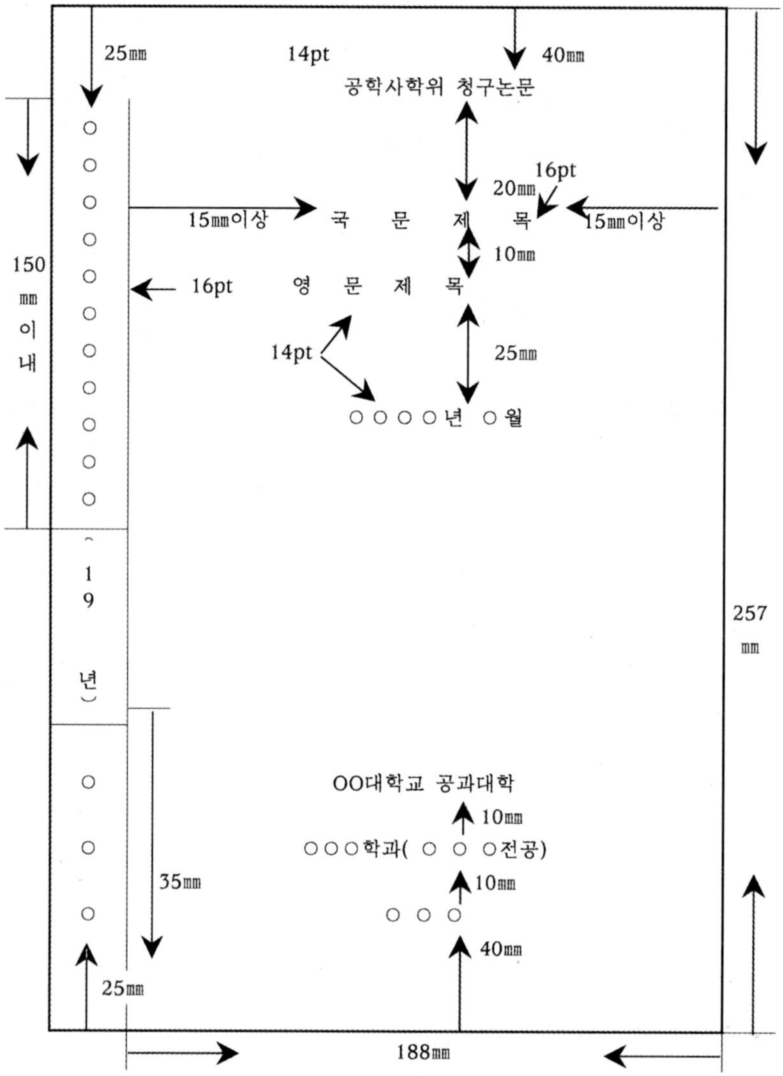

속 표 지

다음 2행 이외는 표지와 같음

16pt

지도교수 ○ ○ ○

10㎜

이 논문을 학사학위 논문으로 제출함

10㎜

인 정 서

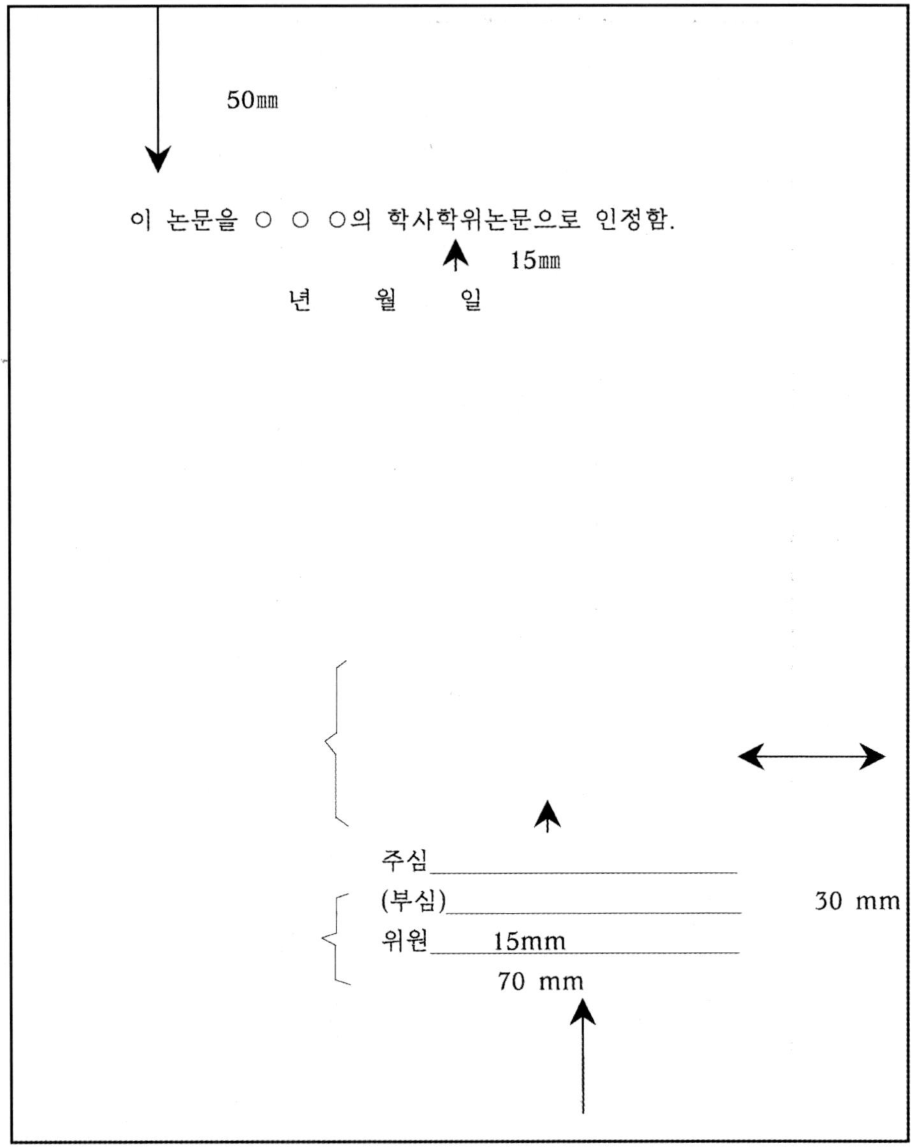

영문속표지

Four-Quasi-Particles
Random Phase Approximation

by

Jung-Ro Yoon

A THESIS

Submitted to the faculty of
OOOOOOO UNIVERSITY
in partial fulfilment of the requirements
for the degree of
BACHELOR OF SCIENCE

Department of Electrical Engineering
February 2013

목 차

5 연구노트

오랜 기간 연구가 진행될 때에, 연구과정과 연구결과를 일일이 기록하여 두지 않으면 내용은 정리되지 않는다. 또한 세상에는 동시에 같은 종류의 연구가 진행될 수도 있으므로, 기록으로 자신의 연구결과가 언제 나왔다는 것을 입증하여 두는 것은 추후에 생길 특허분쟁 등에서 매우 유리한 위치를 확보할 수 있다. 이러한 목적들을 만족시켜 주는 것이 연구노트이다.

5.1 연구노트의 정의

① 연구자가 연구의 수행 시작에서 연구 종료까지의 연구과정 및 결과를 기록한 자료

② 사용매체의 종류와 작성방식에 따라 서면 연구노트와 전자 연구노트로 분류

5.2 연구노트의 작성배경

1) 연구 부정행위를 방지

연구 부정행위란 연구 결과물인 논문이나 특허의 위조, 변조, 표절과 같은 경우를 지칭하며 근자의 예로 2004년 황우석 박사의 줄기세포 논문 조작 사건 같은 것이다. 여기서 위조, 변조, 표절은 아래와 같이 정의된다[11].

- 위조: 존재하지 않는 데이터 또는 연구결과 등을 허위로 만들어 내는 행위
- 변조: 연구재료 · 장비 · 과정 등을 인위적으로 조작하거나 데이터를 임의로 변형 · 삭제하는 왜곡 행위
- 표절: 타인의 아이디어, 연구내용, 결과 등을 정당한 승인 또는 인용 없이 도용하는 행위

2) 연구 부적절 행위를 차단

연구 부적절 행위란 편견에 사로잡힌 연구통계, 실험장비의 오작동, 빈약한 연구설

계, 데이터 관리 소홀 및 부주의, 불성실한 연구기록 등을 지칭한다.

3) 책임 있는 연구활동을 보장

연구노트를 작성함으로써 현행법과 사회적 가치관의 테두리 안에서 자신의 직업적 양심에 충실하고, 동료들과 성실하게 교류하며 타인의 연구와 공동체에 피해를 주지 않는 것을 보장하는 시스템을 구축한다.

5.3 연구노트의 유용성

1) 연구계획, 과정, 성과의 기록을 통한 기록문화 정착 및 노하우 전수

- 결과도출의 핵심이 되는 연구과정 및 이력의 상세 기록
- 관련 분야의 논문 등을 집필 시 필요한 데이터 및 노하우 축적
- 선행연구의 노하우 전수 및 획득을 통한 완성도 향상
- 기술개발의 전문화/고도화/심화/효율화 및 개발기간 단축

2) 연구 독창성의 근거[12]

- 특허 분쟁 시 독창적 기술인지 모방 기술인지 판단의 근거 자료
- 연구결과(논문, 특허)의 우선권 주장 및 보호
- 선 발명주의 채택국가에서의 권리 확보

3) 연구개발 결과의 보호

- 공동/협력연구 성과 및 지식재산권자의 특정을 위해 연구자의 권리 보호
- 독자기술 범위 및 내용 증명의 근거
- 기업으로 기술제공 및 기술이전 계약을 위한 실사 시 근거자료

4) 연구실 내에서의 지속적 연구 가능

- 연구 담당자 교체 시 빠른 시간 내에 연구실에 축적된 노하우 전수 및 습득 용이
- 프로젝트 관리 및 지도를 통해 연구자로서의 능력 배양
- 현 보유기술 수준의 연장선상에서 후속 연구 추진

5) 연구 진실성 검증

- 연구 부정행위 및 의혹 발생 시 연구 진실성 판단자료
- 연구윤리와 관련된 명예저자 및 공동 발명자 시비 예방
- 대내외 위조 및 변조와 표절의 대응 및 방지

5.4 연구노트 관련자의 역할

1) 연구기관

- 기관의 연구분야 및 여건에 맞는 연구노트의 제작 및 배포
- 연구노트의 관리규정 제정 및 보관 장소의 확보
- 연구노트 활성화를 위한 우수 작성자 인센티브 도입

2) 연구책임자

- 연구실 내 연구원에게 연구노트의 중요성 및 작성방법 교육
- 연구과정의 진실성 검증 및 프로젝트 관리를 위해 연구노트 점검

3) 연구자

- 제3자가 연구내용을 이해하고 재현할 수 있도록 작성
- 연구노트를 성실히 보관하고, 과제 완료 시 기관에 반납

5.5 연구노트의 요건

1) 서면노트의 요건

❶ 일련번호가 기재되고 제본된 노트

- 삽입이나 삭제가 쉬운 바인더 형태의 노트 지양
- 기재, 관리, 보존의 증명을 위해 표지에 일련번호 기재

❷ 장기간 보존(30년)이 가능한 종이와 필기구 선택

- 내광성, 내수성 있는 영구기록 볼펜 혹은 펜 사용(연필 사용불가)

- 장기보존을 위해 열화/산화되기 어려운 재질의 종이 사용

③ 속표지에는 일련번호, 과제명/계정번호, 연구노트 작성기간 등 관리에 필요한 사항(관리정보) 기재

④ 속지에는 쪽 번호를 매기고 여백이 있는 테두리를 두며, 기록자와 점검자의 이름과 서명, 기재 날짜란을 마련

2) 전자노트의 요건

① 전자인증

- 전자 연구노트의 기록자와 점검자의 검증 및 서명 인증

② 자동 입력 날짜 기록

- 연구노트 기록 날짜 및 시간 자동저장 기능

③ 자동 수정표시

- 수정한 내용 표시가 영구적으로 기록되는 기능

5.6 연구노트의 작성방법[13]

1) 기본원칙

① 개인성과 개별성

- 연구과제별, 참여자별로 별도의 연구노트를 작성

② 구현성과 재현성

- 정보적 가치와 증거적 가치를 모두 갖출 수 있도록 작성
- 제3자가 연구노트를 보고 재현할 수 있도록 구체적이고 상세한 기록

③ 지속성과 연속성

- 모든 자료는 발생 즉시 순차적으로 연구수행과정 및 결과를 빠짐없이 기록

④ 영구성과 객관성

- 기재내용의 자의적 변조 없이 사실만 기재

2) 기록방법

❶ 내용 기록면

- 연구노트 원문, 수정기록 및 추가기록 등은 페이지 일련번호가 있는 면의 테두리 안에만 기재(규격노트 뒷장에는 어떠한 내용도 기재하지 말아야 함)

❷ 기재사항

- 기본적인 기재사항 이외에 연구성과의 흐름에 따라 실험과 가설, 사용된 기술, 결과 및 결론 등을 기록 ⇒ 과제명, 작성일자, 실험명, 목적, 실험방법, 실험결과, 서명/일자
- 특히 실패로 간주되는 데이터도 반드시 기재
- 기록된 내용이 잘 전달되고 재현 가능하도록 다음 사항을 포함하거나 기록
  - 참고도서 목록
  - 결실을 맺지 못한 실험도 단계별로 정확히 기록하며, 중단한 경우에는 사유를 기록
  - 실험 데이터 측정 일람표 및 획득 조건
  - 특이하거나 통상적이지 않은 현상, 관찰 및 예상치 못한 결과
  - 통상적으로 기준이 되었거나 사용되었던 방법 또는 형식절차에 관한 참조사항
  - 참조방법의 수정 사항 일체
  - 새로운 가설, 발상 및 개념, 명백하게 나타난 문제 제기 및 선택 사유
  - 동일한 실험에서 다른 결과들과의 관계
  - 실행된 실험 및 획득 결과에 대한 해석, 비평, 평가 및 결론 특히 성과가 없었던 실험 또는 선택되지 않은 가설의 결과 및 선택되지 않은 사유
  - 실험내용 수정 및 증명된 결과의 향상에 초점을 맞춘 탐구

❸ 기록순서

- 연구활동은 가급적 당일 기록하며, 메모한 것을 옮기는 것보다 바로 기재하는 등 시간 순서별로 연구기록을 기재
- 불가피하게 연구활동의 공백이 있는 경우에는 그 사유를 기록하고 점검자의 서명을 받아야 함

④ 여백 표시

- 한 페이지를 다 채우지 않은 상태로 끝난 경우에는 추가로 기입할 가능성을 배제하기 위해 사선 등을 그어 이하 여백임을 표시
- 연구내용을 기록한 페이지에도 빈 공간을 남기지 말아야 하며, 빈 공간이 생길 경우, 항목 사이에 사선을 그어 빈 공간임을 표시

⑤ 출처

- 연구노트 기록자의 실험 내용이나 의견이 아닌 경우 혹은 다른 내용을 인용한 것은 출처를 분명하게 밝혀야 함

⑥ 연구노트에 직접 기입할 수 없는 데이터(사진, 그래프, 실험장비 출력물 등)

- 날짜순으로 풀 등을 사용하여 연구노트에 고착시키고 경계부분에 서명
- 사진의 경우 촬영일자, 모델 식별정보 및 촬영자 이름을 부기하여 보관
- 필름의 경우, 적절한 방법으로 부착, 고정시키고 경계부분을 표시하고 서명

⑦ 연구노트에 직접 부착하기 어려운 데이터(설문지, 전자매체 데이터 파일, 방사선 사진 등)

- 파손이 어려운 봉투에 개별적으로 넣고 날짜와 내용을 기재한 다음, 안전한 장소에 보관하고 연구노트에 관련사항을 표시
- 가능하면 사진기나 스캔 등을 이용하며 사본 제작 후 부착(원본 위치 표시 필요)

⑧ 기타

- 일상적인 약어는 사용 가능하지만 특수약어, 코드, 기호 등은 모두 상세히 표기
- 불리한 정보의 존재를 오해받지 않도록 한 페이지라도 찢지 말 것

3) 수정방법

❶ 일반적인 수정

- 기재 내용을 수정 시 본래의 내용이 왜곡되지 않도록 수정액으로 지우지 말고 두 줄을 그어 수정한 다음, 수정한 사람이 서명함

❷ 중요한 수정

- 중요한 수정인 경우에는 수정 사유를 명기한 후, 점검자와 함께 서명함

❸ 기재내용 추가 삽입

- 삽입 표시와 함께 일자를 기재해야 함

❹ 페이지 공백

- 한 페이지를 건너뛰었을 경우, 반드시 글로써 페이지가 공백임을 표시하여 다른 기록을 추가할 수 없도록 해야 함

5.7 연구노트 관리방법

1) 기본원칙

- 연구노트는 해당 사업의 주관 연구기관이 소유 ⇒ 연구자 개인 소유 불가
- 기본적으로 연구노트 내용은 외부 공개 불가 ⇒ 단, 특별한 사유가 있을 시 관련위원회의 심의 후 공개 가능

2) 관련자 역할

❶ 연구자

- 사용 중 연구노트에 대한 작성 및 보관 책임
- 외부 반출 시 연구책임자 승인 획득
- 퇴직 및 참여 변경 등의 사유가 있을 때, 해당 시점까지 작성한 연구노트 관련 모든 자료를 연구책임자에게 반납

❷ 연구책임자

- 사용 중 연구노트에 대한 작성 및 보관의 2차 책임
- 연구 개발사업 종료 또는 중단 시, 사용 후 연구노트 및 첨부파일 등 관리부서에 제출
- 연구 개발사업이 종료되기 전이라도 보관 및 관리를 위해 필요하다고 판단할 경우 담당부서에 반납

❸ 관리부서

- 체계적인 관리규정 제정 및 보관 장소 확보

- 요건에 맞는 연구노트 제작 및 배포
- 연구노트 지급/회수 일지(log book) 관리
- 제출된 연구노트 관련 모든 자료 중, 서면 연구노트 원본은 백업(여벌 복사)하여 별도보관

6 연구논문

연구는 발표하고 나서 완결된다. 연구자는 자신의 연구가 정리된 뒤에, 학계에 기여하는 새롭고 확고부동한 결과를 얻을 수 있다고 판단되면, 시기를 놓치지 말고 그것을 논문으로 발표해야 한다. 많은 연구자들이 자신의 과거를 돌아보면, 당연히 써야 할 때에 쓰지 않았기 때문에, 끝내 논문이 되지 못한 연구가 몇 가지씩 있다. 특히 많은 연배의 연구자는 모두 많든 적든 그런 쓰라린 추억을 갖고 있을 것이다.

6.1 개요

논문은 읽혀질 때 비로소 도움이 된다. 그러나 독선적이고 이해하기 어려운 논문, 악문(이해하기 힘든 글)으로 읽기 힘든 논문은 결코 읽혀지지 않는다. 간결하고, 독자의 머리에 술술 들어오도록 논문을 쓰는 것은 결코 쉽지 않다. 저자는 준비 · 집필 · 검토 · 마무리의 각 단계에 시간을 들이고, 노력을 하지 않으면 안 된다. 써 나갈 때마다 「독자의 입장이 되어 자신이 쓴 것을 다시 본다」는 마음가짐이 매우 중요하다[14].

원고를 쓰기 시작하기 전에, 충분한 시간—적어도 수 주일—을 준비하는 데 써야 한다. 먼저 논문에 포함시킬 필요가 있는 정보는 무엇과 무엇인지를, 하나씩 저울에 달 듯 철저히 조사한다. 다음에 독자가 어느 정도 예비지식을 가지고 있는지 예상을 한 다음에, 써야 하는 것을 어떤 순서로 나열하면 논리적으로 가장 줄거리가 잘 통할지, 독자에게 술술 이해시킬 수 있을지를 검토한다. 준비설계의 단계에서는 그림이나 표를 준비하는 것을 잊지 않도록 한다[15].

6.2 연구논문 제목과 접수

연구논문은 보통 표제, 저자명, 연구기관명, 접수 연월일, 저자초록, 본문(그림, 사진, 표 등을 포함), 부록(=appendix, 혹시 있으면), 인용문헌 등의 순으로 인쇄된다. 뿐만 아니라 투고 규정에 완비된 투고의 안내 또는 스타일 매뉴얼이 준비되어 있는 경우도 있으므로, 이에 준하여 작성하여야 한다.

❶ 제목은 「무엇」을 연구했는지를 구체적으로 나타낸다. 또한 「어떤 방법으로」 연구했는지도 나타내야 한다. 상기의 「무엇」을 표현하는 방법이 논문의 내용에 잘 일치하게끔 한정될수록 좋은 표제이다. 너무 추상적이며 일반적인 표제는 바람직하지 않다.

- 제목은 물론 짧은 것이 좋지만, 적절하게 내용을 보여줘야 하는 것이 첫 번째 요건이다. 최근에는 제목이 <제일 짧은 초록>의 역할을 해야 한다는 생각이 강해지는 추세이므로, 이에 걸맞게 긴 문장의 제목이 많아졌다.

❷ 연구기관명이라는 것은 그 연구를 수행한 연구기관명을 쓴다. 만일 저자의 현 소속기관이 바뀐 경우에는, 각주로 현 소속기관을 표시한다. 연구기관명에는 우편물이 전달될 수 있을 정도로 자세하게 주소를 쓸 필요가 있다.

❸ 접수 연월일의 란에는, 원고가 도착한 날짜를 잡지의 편집부에서 기입한다. 다만, 그 후에 논문 심사위원의 지적, 또는 저자 자신의 발의에 따라 본질을 다룰 정도의 개정이 일어난 경우, 개정원고가 도착한 날짜를 추가 기입한다. 만일 다른 연구자가 거의 동시에 같은 결과를 발표해서 어느 쪽의 발견이 빨랐는가 하는 분쟁이 일어난 경우에는, 접수연월일(개정이 있던 경우에는 개정원고의 접수연월일)에 의해 우선순위가 결정된다.

6.3 본문

본문은 특별히 짧은 논문을 제외하고 몇 개의 절로 나누어 쓰며, 필요에 따라서 절을 더욱 작은 절로 나누어 쓴다. 시작 부분에는 반드시 '이 논문에서 무엇을 문제로 할 것인가? 어디에 목표를 정하고 어떤 방법으로 연구했는가?'를 나타내기 위하여, 최소한 한두 단락의 서론이 있어야 한다. 다음에 본론에 들어가서 연구의 구체적인 수단 · 방법을 기술하고, 그것에 따라 어떤 결과를 얻을 수 있었는지를 나타낸다. 마지막으로 그 결과를 종래의 연구결과와 비교해서 검토하고, 자신은 그것에 대하여 어떻게 생각하는지, 어떤 결론을 내었는지를 쓰는 것이 연구논문의 표준 구성이다. 또 한 번 그 후에 결론(conclusion) 또는 요약(summary)을 붙이는 것도 있지만 긴 논문의 경우에 한한다.

1) 서론

서론의 목적은 위에 나타낸 것과 같이 문제와 구체적인 목표 및 연구법을 명시하는 것이지만, 그 전에 왜 이런 연구를 계획하기에 이르렀는지를 쓰는 것이 자연스럽다. 그 때문에 주제에 관한 종전의 연구를 비판적으로 전망하는 경우가 많다. 이 전망은 관점을 자신의 연구와 직접 관계하는 것으로 제한한, 가장 간결한 것이 되어야 한다. 그 주제에 관하여 최근 발표된 종합 보고가 있는 경우에는 그것만을 인용하는 것도 하나의 방법이다.

긴 논문의 경우에는 서론의 마지막에 논문 전체의 구성을 보여주면 독자에게 도움이 된다. 최근의 경향으로 서론에서 '이러한 순서 절차를 통하여 이런 결론에 이름' 이라는 형태로 결론까지(가장 간결한 형태로) 나타내는 논문이 많아지고 있다.

2) 본론

본론은 논문의 주된 부분이다. 본론의 구성은 연구 내용에 따라 다르기 때문에 일반론은 불가능하지만, 문장을 쓰는 마음가짐은 마찬가지이다. 이러한 자세는 서론 및 그 외의 것을 쓸 경우에도 통한다. 아래에 서술의 구성과 방법에 대한 중요사항을 정리하였다.

❶ 문단(paragraph)을 의식해서 문장을 구성한다. 특히 지금 쓰고 있는 문단의 주제(topic)는 무엇인지를 항상 염두에 둔다.

❷ 처음에 읽어 내려갈 때는 이해가 되지 않고, 반복하여 읽어야 비로소 이해되는, 전후가 뒤바뀐 형태의 문장을 쓰지 않는다. 내용의 서술 순서가 자연스럽지 않고, 또

한 문장의 연결방법이 돌발적이어서 독자에게 혼란을 주는 형태의 문장을 쓰지 않는다.

③ 비약이 없는 문장을 쓴다. 독자는 논문의 주제 또는 그것에 관련되어 있는 여러 가지 연구를 저자처럼 환하게 알고 있지는 않다. 저자가 '이것을 쓸 필요까지는 없을 것이다' 고 생각한 논리의 쇠사슬 고리를 하나 생략하면, 독자는 논문을 계속해서 이해하며 나아가지 못하는 경우가 많다.

④ 함축의 뜻을 지닌 얼버무리는 듯한 표현을 피하고, 가능하면 확실하게 단언한다. '거의', '정도', '~답다' 등으로 쓰는 것은 이러한 얼버무리는 말이 정말로 필요한지 아닌지를 검토하고 나서 사용하라. 이것은 내용 자체의 음미에 연결된다.

⑤ 사실과 의견을 확실하게 구별해서 쓴다. 특히 사실의 기술 안에 의견을 섞지 말라. 이와 마찬가지로 자신이 한 일과 타인이 한 일의 인용을 확실하게 구별할 수 있도록 쓰는 것이 특히 중요하다.

⑥ 가능하면 짧은 문(sentence)으로 문장을 구성한다.

⑦ 문장의 중간에 주어가 바뀐다든지, 당연히 있어야 할 말이 빠졌다든지 해서 '돌발적인 문장' 이 되지 않도록 신경을 쓴다.

⑧ 문장을 헷갈리지 않도록 쓸 것. 이해할 수 있도록 쓰는 것 뿐 아니라, 오해가 없도록 쓰려는 마음가짐이 중요하다.

⑨ 없어도 되는 말은 하나라도 쓰지 않도록 하는 마음을 갖는다.

⑩ 수동태로 쓰지 말고, 능동태 문장으로 쓸 것이며, 부정문보다는 긍정문 으로 기술한다.

6.4 주의사항

연구논문의 집필에 관한 주의사항으로 다음의 몇 가지를 덧붙여 둘 필요가 있다.

1) 논의 또는 고찰

앞에서 "본론에는 자신의 연구 결과의 기술에 이어서, 그 결과를 종전의 연구결과와 비교 검토하여, 자신은 그것에 관해 어떻게 생각하는지, 무엇을 결론 내릴지를 쓴다"

고 기술했다. 이것은 보통, 실험방법, 실험결과 등도 열거하고, 논의 또는 고찰(discussion)로써 독립한 절을 만들어 취급하는 중요한 부분이다. 저자는 거기까지는 오로지 자신의 연구 내용을 서술하고, 그 결과를 명시하는 것에 힘써왔기 때문에, 여기서 한 번 입장을 바꿔 자신의 연구에 남아 있는 문제점을 음미하고, 그 위에 처음으로 결론을 정리하게 된다. 짧은 논문에는 별도로 '논의'라고 하는 절을 마련하지 않는 경우도 있지만, 그 경우에도 이러한 요소를 빠뜨리면 안 된다. '주장한다'라는 입장에 있는 자신으로부터 떨어져서, 제3자로서 자신의 주장을 다시 보는 것도 중요하다.

2) 친절한 설명

논문은 모두 이해할 수 있도록 쓰지 않으면 안 된다. 예를 들면 논문 안에 사용하는 기호에는 전부 명료한 설명을 하고, 또한 일관된 기호를 사용한다: 하는 수 없이 관용 이외의 말을 사용할 때에는 명확한 정의를 하는 것 등은 이를 위해 필요한 마음가짐의 예이다.

3) 데이터 표시

데이터를 나타내 보일 경우에는 어떤 오차가 발생할지, 데이터의 정확도는 어느 정도인지를 나타내주어야 한다. 마찬가지로 결론이 어떤 조건에서 성립되는지를 명시해서 쓰지 않으면 안 된다.

4) 그림과 표

그림에는 상당히 많은 정보를, 직관적으로 이해하기 쉬운 형태로 담아낼 수 있다. 표에는 정확한 정보를 써 넣을 수 있다. 그러나 적절히 선택한 말로 요점을 표현할 수 있으면, 짧은 문장이 좋은 그림이나 표보다도 더 뛰어난 전달을 하는 경우도 있다. 그림 · 표를 사용할 때는 신중해야 한다[16]. 같은 데이터를 그림과 표 양쪽으로 나타내는 것은 원칙적으로 허락되지 않는다. 그림이나 표는 원칙적으로 그것만으로 이해할 수—본문을 읽지 않아도 그림이나 표가 무엇을 나타내는지를 알 수 있다—있도록 되어야 한다. 이를 위해 그림이나 표의 설명(caption, legend)에 상당한 공간을 할애하는 것을 염두에 두어야 한다.

5) 공개의 범위

지적재산권(특허 등)의 보호를 받기 위하여 또는 도의적으로 공개되어서는 안 되는 것을 쓰면 안 된다. 그리고 독자가 논문에서 이루어진 실험을 다시 확인해보려고 할 때, 또는 저자의 논리를 추적하고자 할 때, 필요한 정보가 누락되지 않게 써 넣어야 한다. 그렇게 할 수 없는 상황이라면, 그 연구를 원저논문으로 학술잡지에 투고하는 것은 체념해야 할 것이다.

6) 각주

각주를 사용하는 경우는 본문의 줄거리로부터는 옆길로 새지만, 필요한 설명이나 주의나 코멘트를 써야 할 때이다. 본문의 그 부분이 저자 이외의 사람과의 논의에 근거하고 있다든지, 특히 공저자 안에 있는 한 사람의 기여에 의해서든지 하는 것을 명기하고 싶을 때, 그 외에 처음의 의미에서 각주를 기교로 사용하면 본문의 줄거리를 명쾌하게 통하게 하는 경우가 있다. 다만 각주가 너무 많으면 논문을 읽기 힘들게 된다.

6.5 단위와 물리량의 기호[17]

단위는 국제단위계(SIU: System International Unites)를 쓰는 것을 원칙으로 한다. SIU는 물리적으로 정의하는 7개의 기본단위로 구성되며, 표 2.1에 이것을 나타내있다. 기본단위로부터 면적 [m^2], 가속도 [m/s^2] 등의 조립단위가 유도된다. 표 2.2는 고유 명칭이 주어진 조립단위를 나타낸다. 모든 단위의 10의 몇 승에 해당하는 단위에 대해서는 표 2.3에 나타낸 바와 같은 접두어를 붙인다. 예를 들면 밀리그램(mg)은 10^{-3} g, 메가와트(MW)는 10^6 W를 나타낸다. 표 2.4에 SI 단위와 겸용되는 단위를 나타내고, 표 2.5는 국제도량위원회가 잠정적으로 겸용을 인정한 단위를 나타낸다. 또한 표 2.6은 기타 물리량에 대한 표준적 문자기호를 나타낸다.

표 2.1 ● SI 기본단위

양		단위	
한글 명칭	문자기호	영어 명칭	단위기호
길이	l	meter	m
질량	m	kilogram	kg
시간	t	second	s
전류	I	ampere	A
절대온도	T	kelvin	K
몰질량	n	mole	mol
광도	l	candela	cd

표 2.2 ● SI 조립단위 중 고유 명칭이 있는 것

물리량		단위		
한글 명칭	문자기호	영어 명칭	단위기호	차원
평면각	α, β, γ	radian	rad	–
입체각	Ω	steradian	sr	–
주파수, 진동수	f, v	hertz	Hz	s^{-1}
힘	F	newton	N	$kg\text{-}m/s^2$
압력, 응력	p	pascal	Pa	N/m^2
에너지, 일, 열량	E, W	joule	J	N-m
일률, 방사속	P	watt	W	J/s
전하, 전기량	Q	coulomb	C	A-s
전위, 전위차, 전압	V, U	volt	V	W/A
정전용량	C	farad	F	C/V
전기저항	R	ohm	Ω	V/A
콘덕턴스	G	siemens	S	A/V
자속	Φ	weber	Wb	V-s
자속밀도	B	tesla	T	Wb/m^2
인덕턴스	L, M	henry	H	Wb/A
섭씨온도		degree Celsius	℃	

(계속)

표 2.2 SI 조립단위 중 고유 명칭이 있는 것(계속)

물리량		단위		
한글 명칭	문자기호	영어 명칭	단위기호	차원
광속	Φ	lumen	lm	cd-sr
조도	E	lux	lx	lm/m^2
방사능		becquerel	Bq	s^{-2}
흡수선량		gray	Gy	J/kg
선량당량		sievert	Sv	m^2/s^2

표 2.3 10^n배 단위의 SI 접두어

지수	접두어	기호	지수	접두어	기호
10^{24}	yatta	Y	10^{-1}	deci	d
10^{21}	zetta	Z	10^{-2}	centi	c
10^{18}	exa	E	10^{-3}	milli	m
10^{15}	peta	P	10^{-6}	micro	μ
10^{12}	tera	T	10^{-9}	nano	n
10^{9}	giga	G	10^{-12}	pico	p
10^{6}	mega	M	10^{-15}	femto	f
10^{3}	kilo	k	10^{-18}	atto	a
10^{2}	hecto	h	10^{-21}	zepto	z
10	deca	da	10^{-24}	yocto	y

주의: 가능하면 n이 3의 배수인 것을 사용한다.

표 2.4 SI와 겸용되는 (비 SI) 단위[18]

물리량	단위		
	명칭	단위 기호	정의
평면각	도(degree)	°	(π/180)rad
	분(minute, minute of arc)	′	(1/60)°
	초(second, second of arc)	″	(1/60)′
천문단위	(astronomical unit)	au	$1.49597870691 \times 10^{11}$ m
질량	전자질량 단위 (unified atomicmass unit) 톤 (ton)	amu t	$1.66054202 \times 10^{-27}$ kg 1000 kg
시간	분(minute)	min	60s
	시간(hour)	h	60min
	일(day)	d	24h
체적, 부피	리터(liter)	l, L	10^{-3} m^3
에너지	전자 볼트(electron volt)	eV	$1.60217733 \times 10^{-19}$ J

표 2.5 잠정적으로 SI와 겸용이 인정되는 단위

양	명칭	단위 기호	정의
길이	옴스트롱(angström)	Å	10^{-10} m
	해리(海里, nautical mile, sea mile)		1852 m
속도	노트(knot)	Gal	(1852/3600) m/s
	갈(gal)		10^{-2} m/s^2
면적	바안(barn)	b	10^{-28} m^2
	아르(are)	a	10^2 m^2
	헥타르(hectare)	ha	10^4 m^2
압력	바(bar)	bar	10^5 Pa

표 2.6 ● 기타 물리량에 대한 표준적 문자기호

물리량	기호	물리량	기호	물리량	기호
면적	A	점성률	η	열전도율	λ
부피	V	동점성률	ν	열전달률	κ
회전수	n	법선응력	σ	비열	c
속도	v	전단응력	τ	농도	c
가속도	a	탄성률	E	몰농도	m
밀도	ρ	강성률	G	소리의 강도 레벨	L
관성모멘트	M	온도계수	a, γ		

6.6 사사와 부록

❶ 사사(감사의 글)는 그 연구 또는 논문에 관련된 지도 혹은 원조에 관한 감사의 말이다. 무엇에 관하여 감사할 것인지를 분명히 하고, 원칙적으로 본인의 양해를 얻은 뒤에 쓴다(여기에 이름이 거명된 사람은 그 논문 또는 그 일부분에 대해 다소라도 책임을 질 수 있다). 한국과학재단(교육과학부)의 과학연구비 등의 과제는 발표 때 사사에 명기하는 것이 의무화되는 것에 주의해야 한다.

❷ 부록은 독자가 본문의 줄거리를 따라가기 위해 건너뛰어도 우선 지장이 없지만, 정말로 이해하기 위해서는 필요한 기술(예를 들면 식의 유도에 기교가 필요한 것), 보통의 독자는 필요 없지만, 그 방면의 전문가에게는 유용한 자료 등이다.

6.7 초록

초록(absract)에 대한 것을 이 절의 마지막에 쓰는 것은, 초록은 본문을 다 쓴 다음에 그 숨겨진 에센스를 밝혀서 쓰는 것이기 때문이다. 논문을 착수할 때에 써야만 하는 것은 목표 규정문과 구성안이지 저자 초록이 아니다[19].

초록은 다음의 3가지로 사용된다.

1. 같은 분야의 전문 연구자는 먼저 여기를 훑어보고, 그 논문이 읽을 만한 것인지 아닌지를 판단한다.
2. 관련 분야의 연구자는 아마 이것만 읽고 중요 정보를 얻으려고 할 것이다.
3. 초록 잡지는 정보제공 서비스가 잘 되도록 하기 위하여, 저자초록을 그대로 전재하는 경우가 있다.

그러므로 초록에는 논문의 내용과 결론을 가장 간결하게 전달하고, 그 위에 논문 안에 포함된 모든 새로운 정보를 언급하도록 힘써야 한다. 초록은 반드시 표제, 저자명과 함께 인쇄되기 때문에, 표제를 읽으면 알 수 있는 것을 초록 안에 반복할 필요는 없다.

첫머리(서두)에 연구의 주제와 그 취급방법을 명시한다. 이 부분에서 <논리적인>, <실험적인>, <정성적인>, <정량적인>이라는 종류의 말에 따라 주제를 다루는 방법을 분명히 하면 좋다. 다음에 실험, 계산 등 구체적인 방법을 쓴다. 특히 새로운 방법의 경우에는 그 원리, 적용범위, 정확도를 언급해야 한다. 실험, 이론의 결과를 구체적으로 쓰는 것이 가장 중요하다. 적어도 논문 안에 어떤 데이터가 주어져 있는지를 명시할 필요가 있다. 논문 안에 언급한 새로운 물질(화합물 등)이나 새로운 정수의 값 등은 그것이 논문의 주제가 아니더라도 언급해야 한다.

초록의 길이는 엄하게 제한되기 때문에, 최고로 밀도 있게 정보를 농축시켜야 한다. 그러나 색인 목차와 같이 항목만을 열거한다든지, 전보문처럼 생략기법을 사용하는 것은 허용되지 않고, 깔끔한 문장으로 쓰는 것이 요구된다. 저자는 충분히 시간을 들여서 내용 하나하나를 검토하고 말을 선택해서, 표현을 음미할 필요가 있다.
저자 초록은 그대로 초록잡지에 전재할 수 있도록 제3자가 그 논문을 초록한 형태로 쓰는 것이 원칙이다. 그러나 최근에는 저자가 얼굴을 밖으로 표출한 듯한 작성법(예를 들면 '자신의 규정으로는?')이 허용되는 추세이다.

초록의 독자를 논문의 주제에 대해 상당한 정도의 지식을 가지고 있는 것으로 예상하면 좋다(그렇지 않으면 규정 길이로는 쓸 수 없다). 초록의 표현에 관한 근본적인 요청은 '그런 독자라면 본문을 보지 않고도 초록만을 떼어내어 읽어도 이해할 수 있도록' 쓰라고 하는 것이다. 이 요청에서 아래와 같은 제약이 생겨난다.

1. 광범위하게 사용되지 않는 생략기법, 기호, 술어는 초록 자체 안에 정의를 내려주지 않는 한 사용해서는 안 된다.
2. 본문 안의 절, 식, 그림, 표 등을 ※ 1, 식 (16), 그림 3, 표 1과 같이 인용하는 것은 허용되지 않는다. 식을 인용할 필요가 있다면 식 그 자체를 쓴다.
3. 문헌은 원칙적으로 인용할 수 없다. 어떤 일이 있어도 인용한다면, 본문 중에 사용한 인용번호를 초록에 표시해도, 초록잡지에서 그 초록을 읽는 사람에게는 도움이 되지 않는다.

6.8 재검토 및 마무리

논문은 읽힐 때 비로소 쓸모가 있다. 이해할 수 없는 논문, 읽기 어려운 논문은 읽힐 수 없다. 독자의 입장이 되어 자신이 쓴 논문을 다시 보는 것(재점검)이 필요하다. 널리 읽히는 논문을 완성하기 위해서는 원고를 다 쓰고 나서, 충분히 시간을 들여 검토하고, 수정하지 않으면 안 된다.

자신이 볼 때 완성이라고 생각하는 단계에 이르면, 연구지도자에게 보여준다. 논문을 교열하고, 주의를 주는 것은 지도자의 의무이다.

특별한 지도자가 없는 경우에는 선배나 친구들에게 읽게 하고 비평을 들어야 한다. <독자>가 어디에서 이해가 잘 안 되었는지, 어느 부분을 길다고 느끼는지 들어보는 것이 중요하다. <독자>로서는 물론 전문에 가까운 사람, 보통 자신과 함께 일을 하고 있지 않은 사람을 선택해야 한다. 같은 연구실 사람의 예비지식에는 자신과 같은 편향이 있는 경우가 많다. 타인에게 읽게 하는 것이 불가능할 경우에는, 잠시(예를 들면 1개월간)원고를 자신의 눈에 띄지 않게 보관하고 나서 다시 읽을 것을 권한다. 검토를 할 때에 참고할 만한 사항을 아래에 열거한다[20].

1. 논의에 비약이 있어 독자를 헷갈리게 하는 부분은 없는가? 하나의 문장, 하나의 식을 보탬으로 더 이해하기 쉬운 부분은 없는가? 옆길로 빠져서 이해에 방해가 되는 부분은 없는가?

② 써야만 할 것이 누락된 것은 없는가? 어떤 근사에서의 논의인지는 확실히 써 있는가? 실험조건이나 시료, 결론의 전제가 되는 조건 등의 기술에 빠진 것이 없는가?

③ 아직 삭제할 수 있는 부분은 없는가? 도중의 계산, 타인의 연구 인용 등에 쓸데없는 부분은 없는가?

④ 표제, 절의 나누는 방법, 절 등의 명칭은 적당한가?

⑤ 그림이나 표의 설명이 <그것만으로 알 수 있도록> 되어 있는가? 그림에 척도(스케일)나 단위가 빠져 있지는 않은가?

⑥ 기호의 설명, 수치의 단위 등에서 빠진 것은 없는가?

7 요약

실험보고서는 종종 두려움의 대상이다. 그러므로 불행하게도 실험보고서는 종종 학생들에게 강제적인 숙제로만 인식되는 경우가 있다. 하지만 실험보고서의 본질은 강제적인 것이 아니며, 하루를 기록하는 일기처럼 실험을 하면 당연히 따라야 할 절차인 것이다. 실험보고서 작성의 안내와 여러 템플릿을 제시하였다.

공학교육인증을 위해서 요구되는 설계의 이수체계는 기초설계, 요소설계, 종합설계(Capstone Design)로 갖추어진다. 종합설계는 공과대학 재학 중 배운 모든 전공 지식을 활용하여 한 개의 프로젝트를 완성하는 것으로 학습성과 평가의 매우 중요한 도구이다. 여기서는 설계과목을 이수할 때 요구되는 설계노트와 설계보고서 작성법을 소개한다. 최근 설계노트와 종합설계 보고서는 취업 시, 매우 중요한 자료로 활용되고 있다.

공학교육인증이 활성화 되면서 최근 공과대학을 졸업하기 위해서는 종합설계 작품 및 보고서 제출이나 졸업논문 제출이 필수로 되어가는 추세이다. 학부졸업논문은 연구의 깊이와 넓이에 있어서 석 · 박사학위논문과 비교할 정도는 아니지만, 졸업논문과 수업보고서를 쓰는 것에는 큰 차이가 있다. 여기서는 졸업논문 작성에 대한 자세한 설명을 하였다.

연구노트는 연구자가 연구의 수행 시작에서 연구 종료까지의 연구과정 및 결과를 기록한 자료이다. 오랜 기간 연구가 진행될 때에, 연구과정과 연구결과를 일일이 기록하여 두지 않으면 연구는 정리되지 않는다. 또한 세상에는 동시에 같은 종류의 연구가 진행될 수도 있으므로, 기록으로 자신의 연구결과가 언제 나왔는지를 입증하여 두는 것은 추후에 생길 특허분쟁 등에서 매우 유리한 위치를 확보할 수 있다. 이러한 목적들을 만족시켜 주는 연구노트 작성법을 정리하였다.

논문은 읽혀질 때 비로소 도움이 된다. 그러나 독선적이고 이해하기 어려운 논문, 악문으로 읽기 힘든 논문은 결코 읽혀지지 않는다. 간결하고, 독자의 머리에 술술 들어오도록 논문을 쓰는 것은 매우 어렵다. 써 나갈 때마다 「독자의 입장이 되어 자신이 쓴 것을 다시 본다」는 마음가짐이 매우 중요하다. 논문에 포함시킬 필요가 있는 정보는 무엇과 무엇인지를, 하나씩 저울에 달듯 철저히 조사한다. 다음에 독자가 어느 정도 예비지식을 가지고 있는지 예상한 다음에, 써야 하는 것을 어떤 순서로 나열하면 논리적으로 가장 줄거리가 잘 통할지, 독자가 술술 이해할 수 있을지에 대하여 구체적으로 기술하였다.

참고문헌

1. 김창한 외, 『식품분석』, 고문사, 1996
2. 소녁세 외, 『식품분석: 이론 및 실습』, 지구문화사, 1998
3. Harris Peter, Designing and Reporting Experiments in Psychology. Maidenhead: Open University, 2008
4. Coolican, H., Research Methods and Statistics in Psychology (4th ed.). London: Hodder & Stoughton, 2004
5. 송동주, "창의적 종합설계과목 운용 방법", 한국공학교육 연구센터, 2008
6. "종합설계 프로젝트 매뉴얼", 한국공학교육 연구센터, 2009
7. Nicol, A. A. M., & Pexman, P. M., Presenting your findings: A practical guide for creating tables, Washington: American Psychological Association, 1999
8. John D. Cone, Sharon L. Foster, 『학위논문작성법』, 시그마프레스, 2006
9. P. Paul Heppner, Mary J. Heppner, 『논문의 저술에서 출판까지』, 시그마프레스, 2008
10. http://www.dartmouth.edu/~writing/materials/student/thesis.shtml

11. 장은혜, "연구노트 작성전략", R&D특허센터, 제3회 R&D IP School, 2008
12. 성은하, "연구노트 중요성 및 작성방법", 충청권 R&D연구원을 위한 지식재산전략 세미나, R&D특허센터, 2008
13. 손은화, "대학에서의 연구노트 작성사례", KIST세미나, 2007
14. 木下是雄, 일본 학습원언어기술교육연구회편, "말 – 언어기술", 일본학습원, 1979
15. 신형기 외 8인, 모든 사람을 위한 과학 글쓰기, 사이언스북스, 2006
16. 임재춘, 한국의 이공계는 글쓰기가 두렵다, 마이넌, 2002
17. The International Guide to the SI Unites, Xetex Co., Stockholm, 1975
18. 일본 과학기술청 과학기술진흥국 "잡지명의 약기", 1980
19. R. Barrass, Scientists Must Write – A guide to better writing for scientists, engineers and students, Champman and Hall, London, 1978
20. 김형순, 논문 10%만 고쳐 써라, 야스미디어, 2003

CHAPTER 03

취업과 실무를 위한 글쓰기

독서는 완성된 사람을 만들고, 담론은 기지 있는 사람을 만들고, 글쓰기는 정확한 사람을 만든다.

–Francis Bacon

1 서론

이공계 분야의 직장인들도 직장에서 보고서 쓰기, 제품설명서 만들기, 발표하기 등 글쓰기와 관련된 업무로 소모하는 시간이 근무 시간의 35%가량을 차지하며, 직급이 올라갈수록 50% 이상 증가한다. 그만큼 글쓰기 능력은 성공적인 직장생활을 위하여 갖추어야 할 필수 요소라 하겠다. 뿐만 아니라 이력서, 자기소개서 작성은 취업이나 진학의 당락을 결정지을 만큼 중요한 과제가 되었다.

이 장에서는 성공적 취업과 취업 후 실무를 위하여 누구나 접하게 되는 다양한 글쓰기 작업들을 예제를 통하여 소개한다.

2 이력서

2.1 이력서 작성의 목적

이력서의 첫째 목적은 서류심사 과정을 통하여 면접심사의 기회를 얻는 것이다. 따라서 이력서는 취업의 당락과 자신의 미래를 결정할 수 있는 매우 중요한 의미를 갖는다. 직장에서 평가자들이 접수한 이력서를 평가하여 2차 면접을 할 것인지 결정하는데 평균적으로 걸리는 시간은 30초에서 3분 정도로 알려져 있다. 이렇게 짧은 시간에 자신의 능력과 경력을 효과적으로 평가받기 위해서는 지원하는 직종 및 직위와 이것이 필요로 하는 직업능력, 그리고 고용주가 요구하는 인성이나 보조 능력들을 먼저 이해하고 분석해야 한다.

2.2 이력서 양식의 예시

최근 국내의 대기업들이 취업 희망서를 인터넷으로 접수하면서, 간단한 이력서를 통일된 형식으로 인터넷으로 받고 있다. 그림 3.1과 3.2의 인터넷 이력서를 보면 공통적으로 세 가지 구성요소로, 첫째 기본인적사항, 둘째 희망 근무지와 직무, 셋째 학력 및 경력 등으로 구분 되는 것을 볼 수 있다. 즉 희망하는 직무에 적절한 학력과 경력을 갖추고 있는지 판단하기 위한 것이다. 이 외에 기업마다 간단하게 요구하는 추가 항목이 있을 수 있다. 예를 들면 삼성의 경우, 존경하는 인물을 기재하고, LG전자의 경우, IT능력을 기재할 것을 요구하고 있다.

예문 3.1은 대학원을 졸업하고 전공분야의 기업체 또는 연구소로 취업을 희망하는 공학도의 이력서이다. 자신의 학력과 경력을 빠짐없이 최근 사항부터 나열하고 전공과 관련된 보유 기능, 자격증, 연구경험 및 논문목록까지 잘 기록하고 있으나, 본인이 희망하는 직무나 직종에 대한 기술이 누락되어 있다.

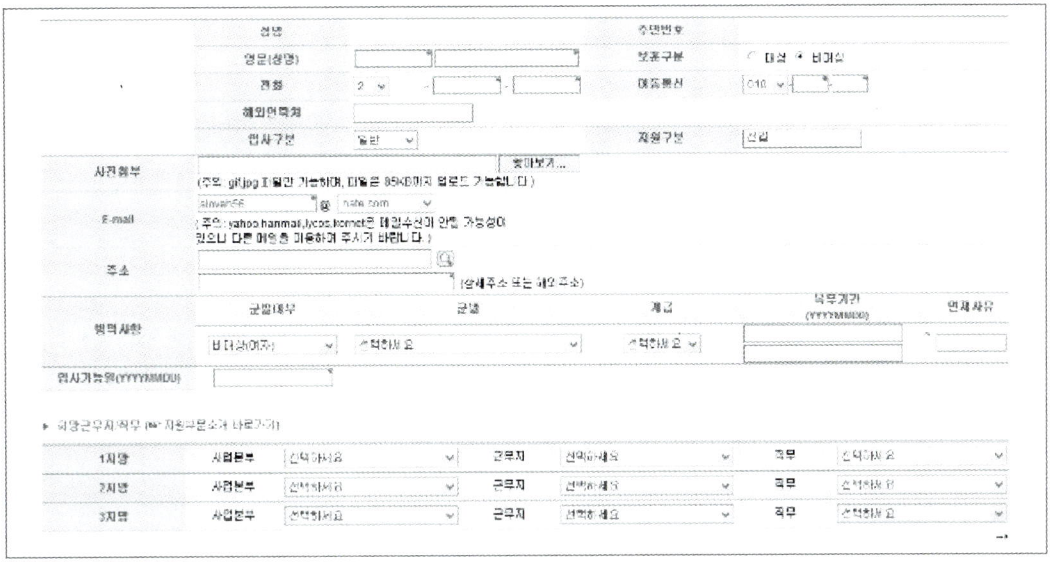

성명		주민번호	
영문(성명)		보훈구분	○ 대상 ◉ 비대상
전화	2	이동통신	010
해외연락처			
입사구분	일반	지원구분	신입
사진첨부	찾아보기... (주의: gif,jpg 파일만 가능하며, 파일은 85KB까지 업로드 가능합니다.)		
E-mail	@ nate.com (주의: yahoo,hanmail,lycos,korea.com은 메일수신이 안될 가능성이 있으니 다른 메일을 이용하여 주시기 바랍니다.)		
주소	(상세주소 또는 해외주소)		

병역사항	군필여부	군별	계급	복무기간 (YYYYMMDD)	면제사유
	비대상(여자)	선택하세요	선택하세요	~	

입사가능일(YYYYMMDD)

▸ 희망근무지/직무

1지망	사업본부	선택하세요	근무지	선택하세요	직무	선택하세요
2지망	사업본부	선택하세요	근무지	선택하세요	직무	선택하세요
3지망	사업본부	선택하세요	근무지	선택하세요	직무	선택하세요

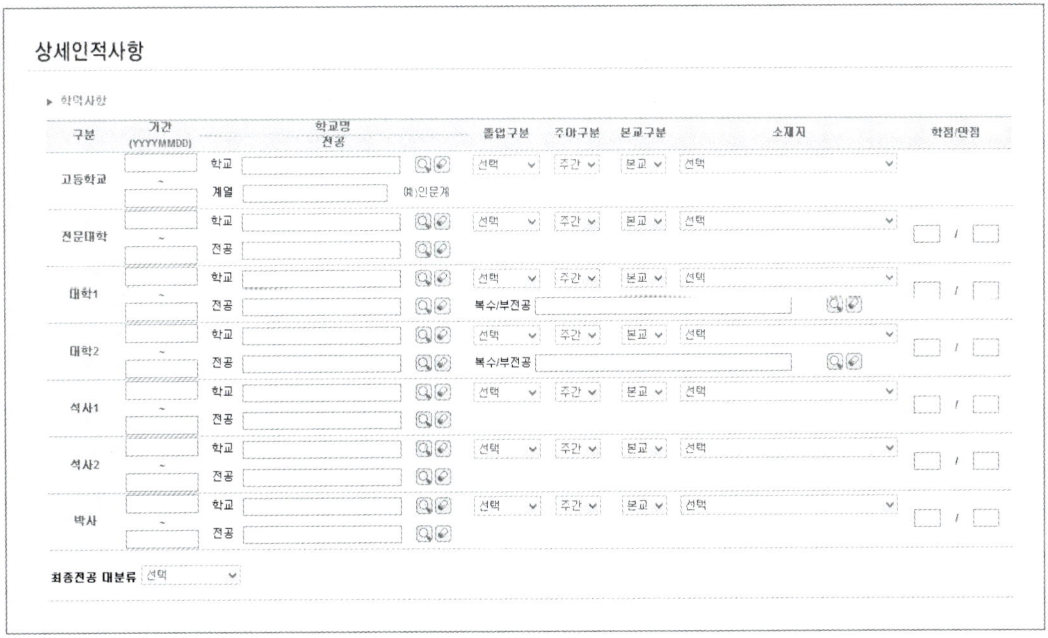

상세인적사항

▸ 학력사항

구분	기간 (YYYYMMDD)	학교명 / 전공		졸업구분	주야구분	본교구분	소재지	학점/만점
고등학교	~	학교		선택	주간	본교	선택	
		계열	예)인문계					
전문대학	~	학교		선택	주간	본교	선택	/
		전공						
대학1	~	학교		선택	주간	본교	선택	/
		전공	복수/부전공					
대학2	~	학교		선택	주간	본교	선택	/
		전공	복수/부전공					
석사1	~	학교		선택	주간	본교	선택	/
		전공						
석사2	~	학교		선택	주간	본교	선택	/
		전공						
박사	~	학교		선택	주간	본교	선택	/
		전공						

최종전공 대분류 선택

그림 3.1 • LG전자 인터넷 이력서 양식

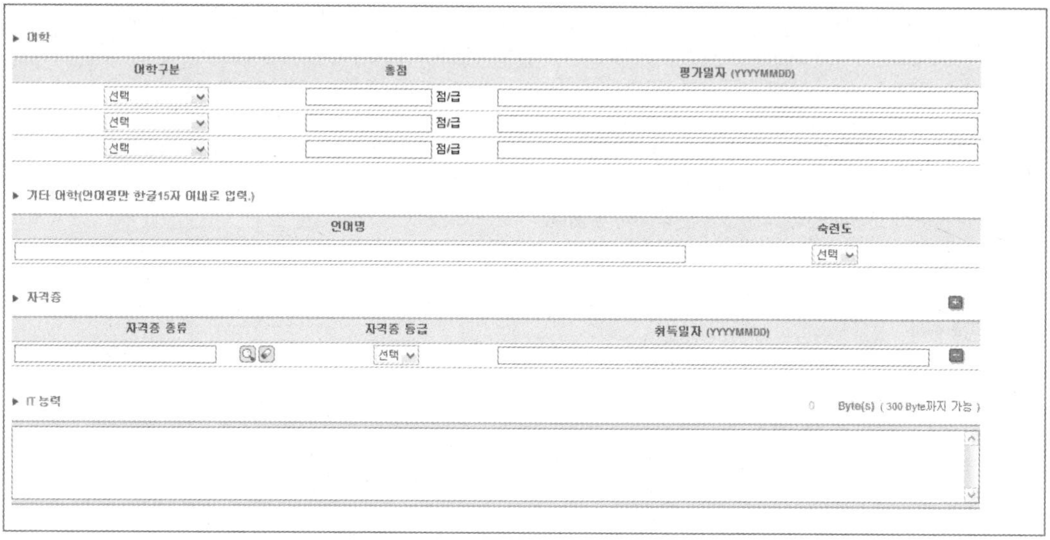

▶ 어학

어학구분	총점	평가일자 (YYYYMMDD)
선택	점/급	
선택	점/급	
선택	점/급	

▶ 기타 어학(언어명만 한글15자 이내로 입력.)

언어명	숙련도
	선택

▶ 자격증

자격증 종류	자격증 등급	취득일자 (YYYYMMDD)
	선택	

▶ IT 능력 0 Byte(s) (300 Byte까지 가능)

그림 3.1 • (계속)

예문 3.3은 대학원을 졸업하고 외국 기업으로 취업하기 위하여 작성한 영문 이력서이며, 예문 3.2는 이력서 앞에 동봉되어 보내질 커버편지이다. 커버편지에는 이력서를 보내는 목적과 추후 면접을 희망하는 의지가 잘 표현되어 있으며, 예문 3.2의 이력서는 예문 3.1과 비교하여 희망하는 직무에 대한 설명이 OBJECTIVE에 명확히 기술되어 있다.

예문 3.4의 이력서는 앞의 이력서들에 비해 빈약해 보이지만, 가장 큰 차이점은 신입사원이 아니라 경력사원의 이력서이기 때문에 학력에 앞서 경력이 상세히 나열되어 있다는 것이다.

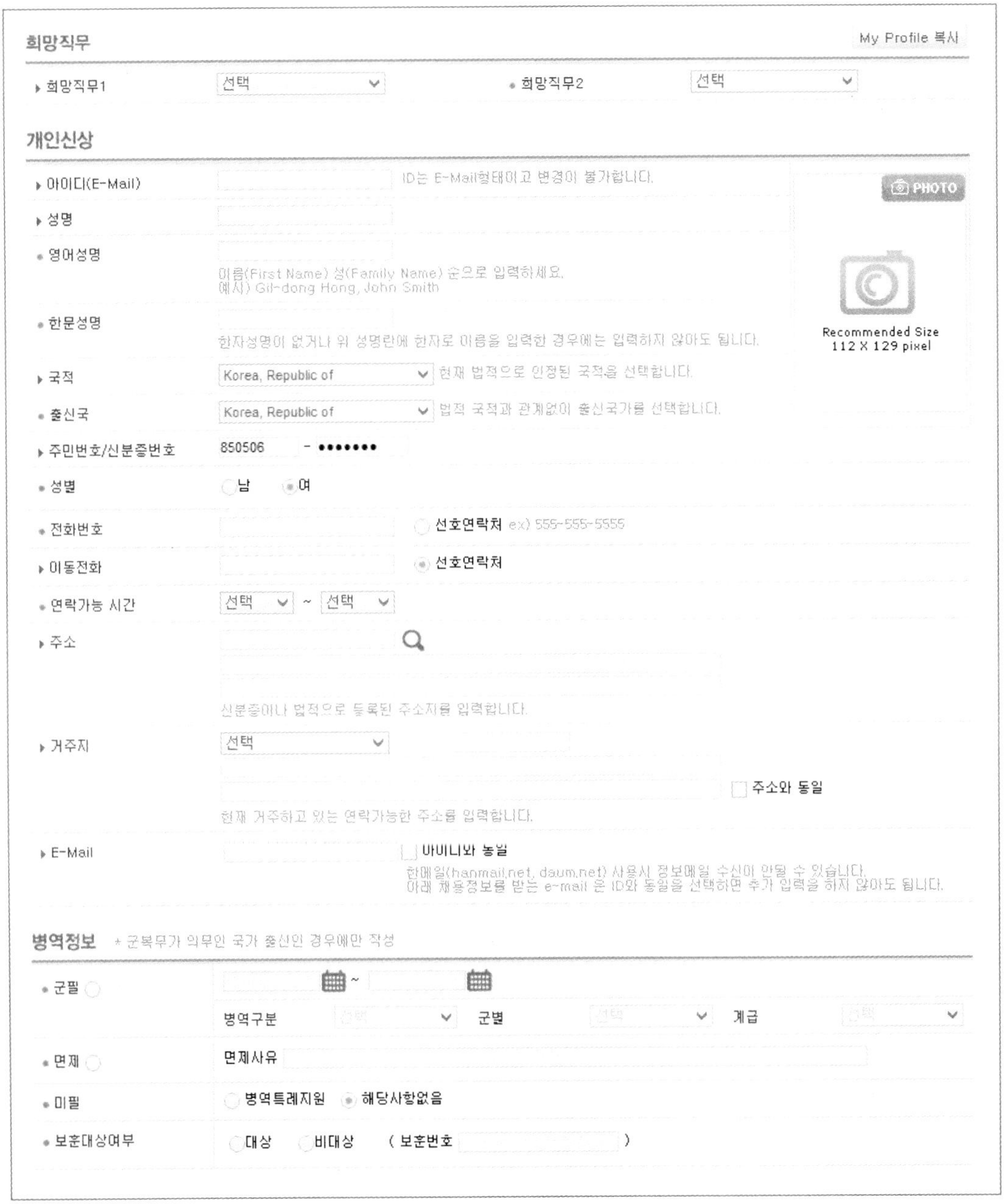

희망직무 My Profile 복사

▸ 희망직무1	선택	• 희망직무2	선택

개인신상

▸ 아이디(E-Mail)	ID는 E-Mail형태이고 변경이 불가합니다.
▸ 성명	
• 영어성명	이름(First Name) 성(Family Name) 순으로 입력하세요. 예시) Gil-dong Hong, John Smith
• 한문성명	한자성명이 없거나 위 성명란에 한자로 이름을 입력한 경우에는 입력하지 않아도 됩니다.
▸ 국적	Korea, Republic of 현재 법적으로 인정된 국적을 선택합니다.
• 출신국	Korea, Republic of 법적 국적과 관계없이 출신국가를 선택합니다.
▸ 주민번호/신분증번호	850506 - •••••••
• 성별	남 여
• 전화번호	선호연락처 ex) 555-555-5555
▸ 이동전화	선호연락처
• 연락가능 시간	선택 ~ 선택
▸ 주소	신분증이나 법적으로 등록된 주소지를 입력합니다.
▸ 거주지	선택 주소와 동일 현재 거주하고 있는 연락가능한 주소를 입력합니다.
▸ E-Mail	아이디와 동일 한메일(hanmail.net, daum.net) 사용시 정보메일 수신이 안될 수 있습니다. 아래 채용정보를 받는 e-mail 은 ID와 동일을 선택하면 추가 입력을 하지 않아도 됩니다.

PHOTO

Recommended Size 112 X 129 pixel

병역정보 * 군복무가 의무인 국가 출신인 경우에만 작성

• 군필	~ 병역구분 선택 군별 선택 계급 선택
• 면제	면제사유
• 미필	병역특례지원 해당사항없음
• 보훈대상여부	대상 비대상 (보훈번호)

그림 3.2 • SK그룹 인터넷 이력서 양식

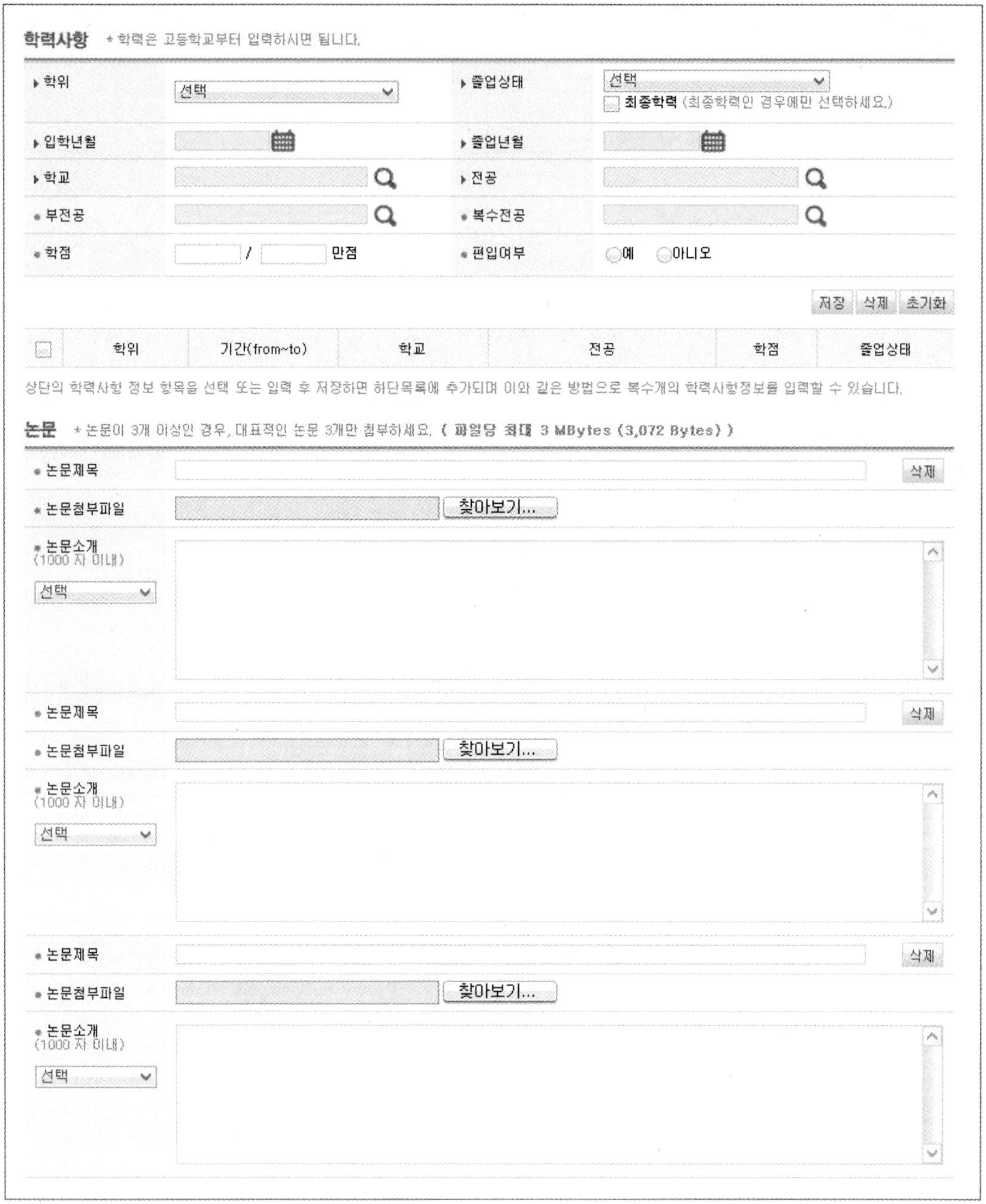

학력사항 * 학력은 고등학교부터 입력하시면 됩니다.

▸ 학위	선택	▸ 졸업상태	선택 □ **최종학력** (최종학력인 경우에만 선택하세요.)
▸ 입학년월		▸ 졸업년월	
▸ 학교		▸ 전공	
• 부전공		• 복수전공	
• 학점	/ 만점	• 편입여부	○예 ○아니오

저장 삭제 초기화

□	학위	기간(from~to)	학교	전공	학점	졸업상태

상단의 학력사항 정보 항목을 선택 또는 입력 후 저장하면 하단목록에 추가되며 이와 같은 방법으로 복수개의 학력사항정보를 입력할 수 있습니다.

논문 * 논문이 3개 이상인 경우, 대표적인 논문 3개만 첨부하세요. **(파일당 최대 3 MBytes (3,072 Bytes))**

• 논문제목 삭제
• 논문첨부파일 찾아보기...
• 논문소개 (1000 자 이내) 선택

• 논문제목 삭제
• 논문첨부파일 찾아보기...
• 논문소개 (1000 자 이내) 선택

• 논문제목 삭제
• 논문첨부파일 찾아보기...
• 논문소개 (1000 자 이내) 선택

그림 3.2 • (계속)

외국어시험
시험명
응시년월
점수(급)
선택
저장 삭제 초기화
상단의 외국어시험 정보 항목을 선택 또는 입력 후 저장하면 하단목록에 추가되며 이와 같은 방법으로 복수개의 외국어시험정보를 입력할 수 있습니다.
외국어 활용능력
외국어명
읽기
쓰기
말하기
선택
선택
선택
선택
저장 삭제 초기화
상단의 외국어 활용능력 정보 항목을 선택 또는 입력 후 저장하면 하단목록에 추가되며 이와 같은 방법으로 복수개의 외국어 활용능력정보를 입력할 수 있습니다.
자격증
자격 및 면허
취득년월
발급 기관명
선택
저장 삭제 초기화
상단의 자격증 정보 항목을 선택 또는 입력 후 저장하면 하단목록에 추가되며 이와 같은 방법으로 복수개의 자격증정보를 입력할 수 있습니다.
IT 활용능력
IT 활용능력
숙련도
선택
선택
저장 삭제 초기화
상단의 IT 활용능력 정보 항목을 선택 또는 입력 후 저장하면 하단목록에 추가되며 이와 같은 방법으로 복수개의 IT 활용능력정보를 입력할 수 있습니다.

그림 3.2 • (계속)

▶ (예문 3.1) 국문 이력서

이 력 서

Personal Data

사진	이　　름 : 박 은 수 (Park Eunsoo) 생년월일 : 1982년 9월 10일 주민번호 : 820910-1234567 주　　소 : 인천광역시 서구 마전동 대원레스피아 222동 1212호 연 락 처 : 010-3576-1234 이 메 일 : espark@vision.inha.ac.kr

Educational Background

2007년 3월 ~ 2009년 8월 : 인하대학교 정보공학과 (석사/졸업)
2005년 3월 ~ 2007년 2월 : 인하대학교 정보통신공학부 (학사/졸업)
2001년 3월 ~ 2004년 2월 : 한국 폴리텍 2대학 정보통신시스템학과 (전문학사/졸업)
1998년 3월 ~ 2001년 2월 : 인천 송도고등학교 (졸업)

Work Experience

[경력 사항 - 요약]
2004. 01. 02 ~ 2004. 03. 01 : ㈜ 태유판지
　　담당 업무 ; 박스제조 및 운송 / 최종 직위 ; 아르바이트 학생
2002. 10. 01 ~ 2003. 01. 30 : 해냄 독서실
　　담당 업무 ; 독서실 관리 및 정리 정돈 / 최종 직위 ; 총무
2001.10.03 ~ 2002.5.20 : 인텔컴퓨터 학원
　　담당 업무 ; 학생관리 및 지도, 학원 홍보 / 최종 직위 ; 사원

Skills

[사무능력]
어학능력 : 영어 중급 (OPIc; IL등급)
PC Skill : MS Word, Excel, Power Point, HWP 등 능숙

[프로그래밍 능력]
언어 : C/C++, Matlab, CUDA
라이브러리: IPP5.0(Intel Performance Primitive), MIL8.0(Matrox Image Library), HALCON HDevelop, OpenCV1.0

[소지 자격증]
정보처리 : 기사(최종합격일: 2006.06.05),
　　산업기사(최종합격일: 2003.12.08),
　　기능사(최종합격일: 2001.12.24)
정보통신 산업기사 (최종합격일: 2003.08.25)
정보기기 운용 기능사 (최종합격일: 2002.05.22)
리눅스 마스터 2급 (최종합격일: 2003.05.18)

Research Experiences and Publications

[전공 소개]

세부전공 : 컴퓨터 비전

프로젝트

- 초정밀 검사 계측 연구센터(삼성전기-인하대 산학협력)의 세부 과제인 "프로세서 기반의 고속 화상 처리 모듈 개발" 프로젝트에 연구원으로 다음의 연구과제를 수행
  - 인텔 기반의 CPU에서 SIMD(Single Instruction Multiple Data) 방식으로 이미지의 형태학 처리 알고리즘, 외곽선 검출, 평균화 필터를 제작
  - CPU 코어 기반의 병렬화를 이용하여 형태학 처리 알고리즘, 외곽선 검출, 평균화 필터를 제작
  - GPU에서 동작하는 CUDA(Compute Unified Device Architecture)를 활용한 PCB 검사 모듈 개발
  - GPU의 114개의 프로세서를 활용하여 처리 속도를 높이며, 이미지 데이터가 아닌 런랭스(Run-Length) 데이터에 이미지 처리 알고리즘을 적용하여 수행 속도를 더욱 향상 시킴

- 한국과학 재단의 협약 하에 "지능로봇을 위한 병렬처리 기반의 3D MFMB 비주얼 서보잉" 프로젝트에 연구원으로 다음의 연구과제를 수행
  - 로봇에 부착된 캠 카메라를 이용한 기본 물체인식
  - ERSP를 활용한 캠 카메라의 캘리브레이션 방법
  - ERSP를 활용한 인식된 물체의 트래킹 구현

논문 :

- 저널

  제목 : SSE 명령어를 이용한 영상의 고속 전처리 알고리즘
  - 저자 : 박은수 외 6인
  - 게재지 : 대한전자공학회 논문지, 제 46권 SP편 제2호, 2009

  제목 : CPU와 GPU의 병렬 처리를 이용한 고속 물체 인식 알고리즘 구현
  - 저자 : 박은수 외 4인
  - 게재지 : 제어로봇시스템학회, 로봇비전 특집호, 2009, (5월 게재 예정)

  제목 : 3축 가속도 센서의 흔들림 정보를 이용한 영상의 Deblurring
  - 저자 : 박은수 외 2인
  - 게재지 : 대한전자공학회, 제 45권 SC편 제 3호, 2008

- 학술대회

  제목 : MEMS 3축 가속도 센서의 Calibration에 관한 실험적 연구
  - 저자 : 박은수 외 1인
  - 게재지 : 대한전자공학회 2007년도 하계 종합 학술대회 논문집, 제 30권 제 1호

  제목 : SSE 명령어를 이용한 고속 Sobel Edge Detector 구현
  - 저자 : 박은수 외 3인
  - 게재지 : 정보 및 제어학술대회 2007년도 추계 학술대회 논문집. 2007년 10월

▶ (예문 3.2) 영문 커버편지

Seong-Wook Hong

==

#103-202, Dong-bu Apartment, 336 Oryu-dong, Guro-Gu, Seoul, Korea, 152-100
Phone : +82-2-2614-1234, Mobile : +82-10-7422-1234

March 18, 2009

Mr. Dwight Smith
Director-Human Resources
Middough Corperation
999 Oakmont Plaza Drive, Suite #400
Chicago, IL USA 60102

Dear Mr. Smith :

Your advertisement in the March 9th Chicago Tribune newspaper has piqued my interest. As I am just completing the requirements for my Masters degree in Information Engineering at Inha University, Incheon, Korea, I am exploring potential opportunities with a well-established institute that will lead to a career as a Research and Development Specialist.

With an MS Degree in IT and over 2 years of research experience, I have developed a strong background in advanced theories of pattern recognition and parallel image processing. Beyond these qualifications, it may be helpful for you to know that I have worked successfully in both independent and team project environments. I believe that you will find that I exhibit intelligence, common sense, initiative, maturity, and stability. I have enclosed my resume for your review and consideration.

I look forward to hearing from you in the near future to schedule an interview at your convenience, during which I hope to learn more about your company's plans and goals and how I can contribute to the success of its IT engineer team. Thank you in advance for your time and consideration.

Sincerely

Seong-Wook Hong

Enclosure-Resume

▶ (예문 3.3) 영문 이력서

Seong-Wook Hong

==

#111-222, Dong-bu Apartment, 336 Oryu-dong, Guro-Gu, Seoul, Korea, 152-100
Phone : +82-2-2614-1234, Mobile : +82-10-7422-1234
E-mail : swhong@vision.inha.ac.kr

OBJECTIVE :

- To obtain a position in Information and Communication Research and Development where I can utilize my excellent research skill, problem-solving abilities and clear communication skills in a team-orientated environment

EDUCATION :

- **Masters of Information Engineering**, Inha University, Incheon, Korea, Mar. 2009 – Feb. 2011
  - Areas of Expertise : Parallel Image Processing, Biometrics, Computer Vision, Pattern Recognition, Medical Image Processing, Robot Vision
- **Bachelor of Information Engineering**, Inha University, Incheon, Korea, Mar. 2005 – Feb. 2009
  - Thesis : Image compression for Web-banner using palette design and halftoning
  - Relevant Courses : Digital Signal Processing, Digital Image Processing, Random Variables
- **Bachelor of Electronic Engineering**, Korean Educational Development Institute, Seoul, Korea, Mar. 2001 – Feb. 2005

RESEARCH and LABORATORY EXPERIENCE :

- Computer Vision Laboratory, Inha University, Incheon, Korea, Mar. 2009 – Feb. 2011
- Developed experience and expertise in operation of Development of High-speed Image Processing Module based on Processors with SAMSUNG ELECTO-MECHANICS Inc., Intelligent Multi-thresholding for Brain MRI Image with University of Bristol, UK

WORK EXPERIENCE :

- Office Assistant at Optical Communication, Inc. Suwon, Jun. 2005 – Jul. 2006
- Part-time job as a Census Registration Manager at the ward office in Guro, Seoul, Dec. 2000 – Feb. 2001

CERTIFICATION and SKILLS :

- **Computer Skills**
  - Certified in Industrial Engineer Information Processing, Human Resources Development Service of Korea, Seoul, Dec. 2004
  - Certified in Computer Literacy, The Korea Chamber of Commerce & Industry, Seoul, Oct. 2004
  - Certified as a Word Processor, The Korea Chamber of Commerce & Industry, Seoul, Sep. 2004
  - Certified in Craftsman Communication Apparatus, Human Resources Development Service of Korea, Seoul, Dec. 2000

- Certified in Craftsman Information Equipment Operation, Human Resources Development Service of Korea, Seoul, Jun. 2000

▪ **Programming Skills**
- Possess good skills of Visual C++, Matlab, OpenCV, OpenMP, CUDA, MFC

LANGUAGE SKILLS :

▪ Fluent in English,
- Possess good English skills; (reading, writing and conversation)
- Received 6.5 score for International English Language Testing System (IELTS)
- Received 820 score for Test of English for International Communication (TOEIC)
- IM grade for Oral Proficiency Interview-Computer (OPIc)

MILITARY EXPERIENCE :

▪ Successfully completed 2 years and 2 months of military service in the ARMY Corps of Combat Support Company, Mar. 2002 – Apr. 2004

▪ Rank : Sergeant; MOS : FM Equipment Operation Specialist

COMMUNITY INVOLVEMENT :

▪ Volunteer in Hosanna Church as a Audio Equipment Engineer, Melbourne, Australia, Aug. 2006 – Aug. 2007

▪ Volunteer in Red Cross Youth(RCY) as a Blood Donation Assistant, Seoul, Korea, Mar. 1999 – Dec. 2000

AWARDS AND ACTIVITIES :

▪ Recipient of the BK21(Brain Korea 21st Century) Scholarship for gifted students in Information Engineering, Ministry of Education Science and Technology, Korea, Mar. 2009 – Feb. 2011

▪ Billiard Session Department Manager, Mar. 2006 – Dec. 2008

TRAVELS and STUDY ABROAD :

▪ Working Holiday in Australia, Aug. 2006 – Aug. 2007

▪ Backpacking in Hong-Kong, Aug. 2006

REFERENCES : Available upon request

▶ (예문 3.4) 경력직 영문 이력서

Charles R****

50 Lindon St

San Diego, CA 92110

Home: (000) 000-0000

*******@earthlink.net**

Objective

A challenging and rewarding position as a computer programmer.

Expertise

Perl, MySQL, Linux, Apache, Mason, XML, XSL, HTML, JavaScript, Java, MS C++, ASP, 8086 Assembly, Fortran, COBOL, network firewall and hack-proof server installation and configuration, and automatic mass web site building.

Specialty: Internet-based public relations for online businesses.

Employment History

1998 - Present

Junior Software Engineer

Tower Systems San Diego, CA

Developed part of the core of the product TowerWorks: an administration platform for ASP (Application Service Provider). Developed tools for customization and integration with third party products. Designed and programed the unix provisioning system.

1992 - 1998

Computer Programmer

Sun Star Industries San Diego, CA

Developed and tested the code for accounting tasks within the corporation, including cost estimating, salary computation, purchased supplies, monitoring 20 others associates. Worked on CAD support applications in C.

Education

1992 B.A., Computer Science & Business Administration

University of California Riverside, Riverside, CA

예문 3.5부터 예문 3.7은 디자인 분야의 졸업생 또는 경력자들이 자신의 포트폴리오 형태로 이력서를 그래픽하게 작성한 예이다. 이와 같이 이력서는 적은 분량으로 본인이 희망하는 직무와 본인이 갖추고 있는 직무능력을 효과적으로 표현해야 하며, 최근에는 단순한 텍스트만이 아니라 그래픽을 이용하여 인상적으로 작성하고 있음을 알 수 있다.

▶ (예문 3.5) 그래픽 영문 이력서 1

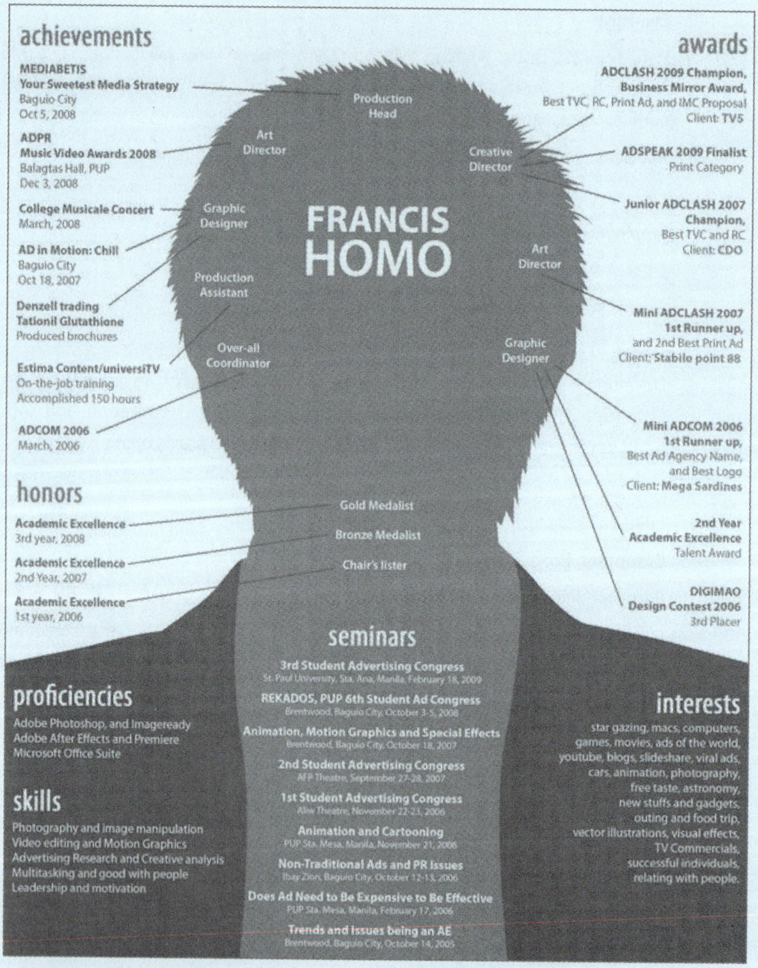

자료출처: http://www.webdesignerdepot.com/2009/05/30-artistic-and-creative-resumes

▶ (예문 3.6) 그래픽 영문 이력서 2

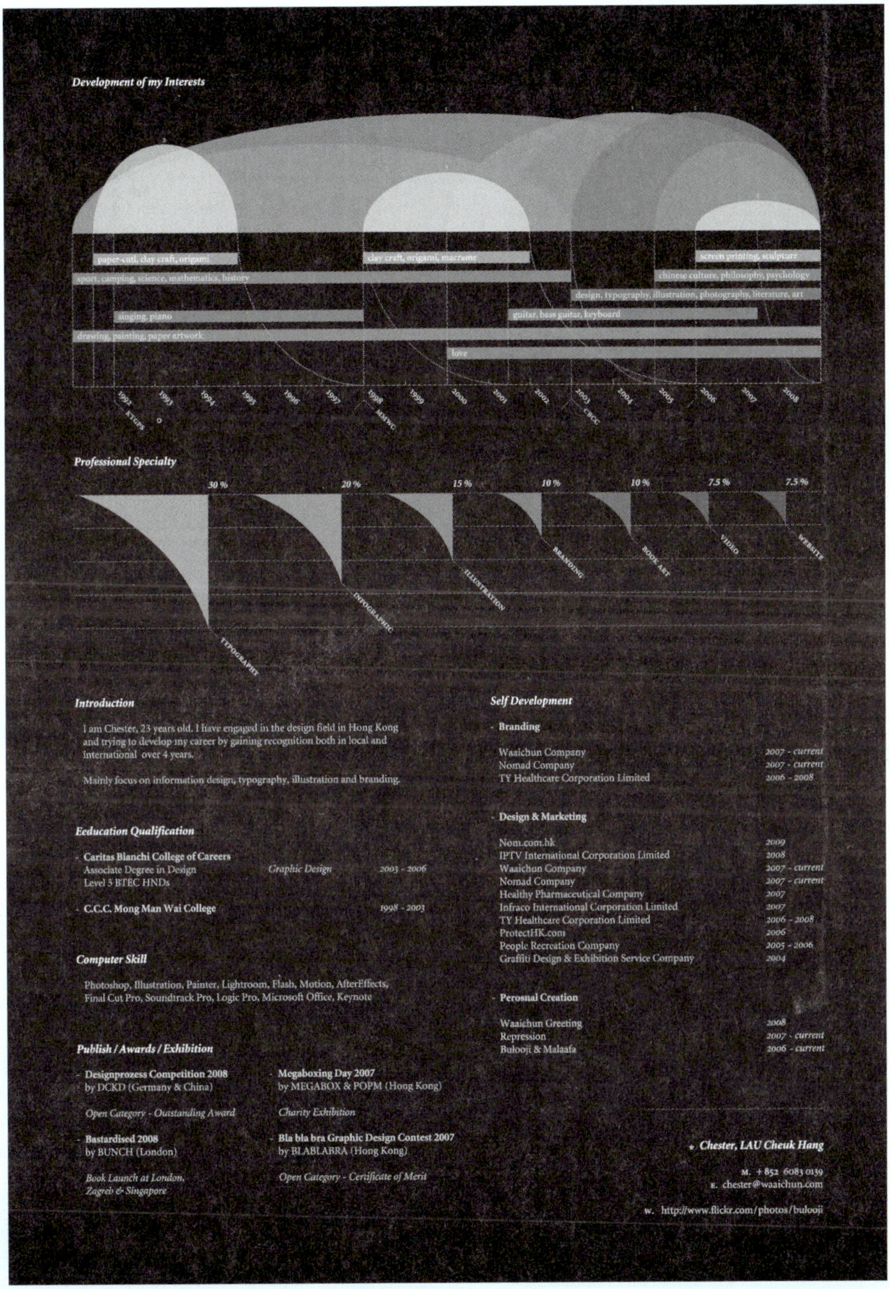

Development of my Interests

paper-cuti, clay craft, origami
clay craft, origami, macrame
screen printing, sculpture
sport, camping, science, mathematics, history
chinese culture, philosophy, psychology
design, typography, illustration, photography, literature, art
singing, piano
guitar, bass guitar, keyboard
drawing, painting, paper artwork
love

1992 1993 1994 1995 1996 1997 1998 1999 2000 2001 2002 2003 2004 2005 2006 2007 2008
KTGPS MMWC CBCC

Professional Specialty

30 % TYPOGRAPHY
20 % INFOGRAPHIC
15 % ILLUSTRATION
10 % BRANDING
10 % BOOK ART
7.5 % VIDEO
7.5 % WEBSITE

Introduction

I am Chester, 23 years old. I have engaged in the design field in Hong Kong and trying to develop my career by gaining recognition both in local and international over 4 years.

Mainly focus on information design, typography, illustration and branding.

Eeducation Qualification

- **Caritas Bianchi College of Careers**
  Associate Degree in Design — *Graphic Design* — *2003 - 2006*
  Level 3 BTEC HNDs
- **C.C.C. Mong Man Wai College** — *1998 - 2003*

Computer Skill

Photoshop, Illustration, Painter, Lightroom, Flash, Motion, AfterEffects, Final Cut Pro, Soundtrack Pro, Logic Pro, Microsoft Office, Keynote

Publish / Awards / Exhibition

- **Designprozess Competition 2008**
  by DCKD (Germany & China)
  Open Category - Outstanding Award
- **Bastardised 2008**
  by BUNCH (London)
  Book Launch at London, Zagreb & Singapore
- **Megaboxing Day 2007**
  by MEGABOX & POPM (Hong Kong)
  Charity Exhibition
- **Bla bla bra Graphic Design Contest 2007**
  by BLABLABRA (Hong Kong)
  Open Category - Certificate of Merit

Self Development

- **Branding**

Waaichun Company	*2007 - current*
Nomad Company	*2007 - current*
TY Healthcare Corporation Limited	*2006 - 2008*

- **Design & Marketing**

Nom.com.hk	*2009*
IPTV International Corporation Limited	*2008*
Waaichun Company	*2007 - current*
Nomad Company	*2007 - current*
Healthy Pharmaceutical Company	*2007*
Infraco International Corporation Limited	*2007*
TY Healthcare Corporation Limited	*2006 - 2008*
ProtectHK.com	*2006*
People Recreation Company	*2005 - 2006*
Graffiti Design & Exhibition Service Company	*2004*

- **Perosnal Creation**

Waaichun Greeting	*2008*
Repression	*2007 - current*
Bulooji & Malaafa	*2006 - current*

Chester, LAU Cheuk Hang
M. + 852 6083 0139
E. chester@waaichun.com
W. http://www.flickr.com/photos/bulooji

자료출처: http://www.webdesignerdepot.com/2009/05/30-artistic-and-creative-resumes

▶ (예문 3.7) 그래픽 영문 이력서 3

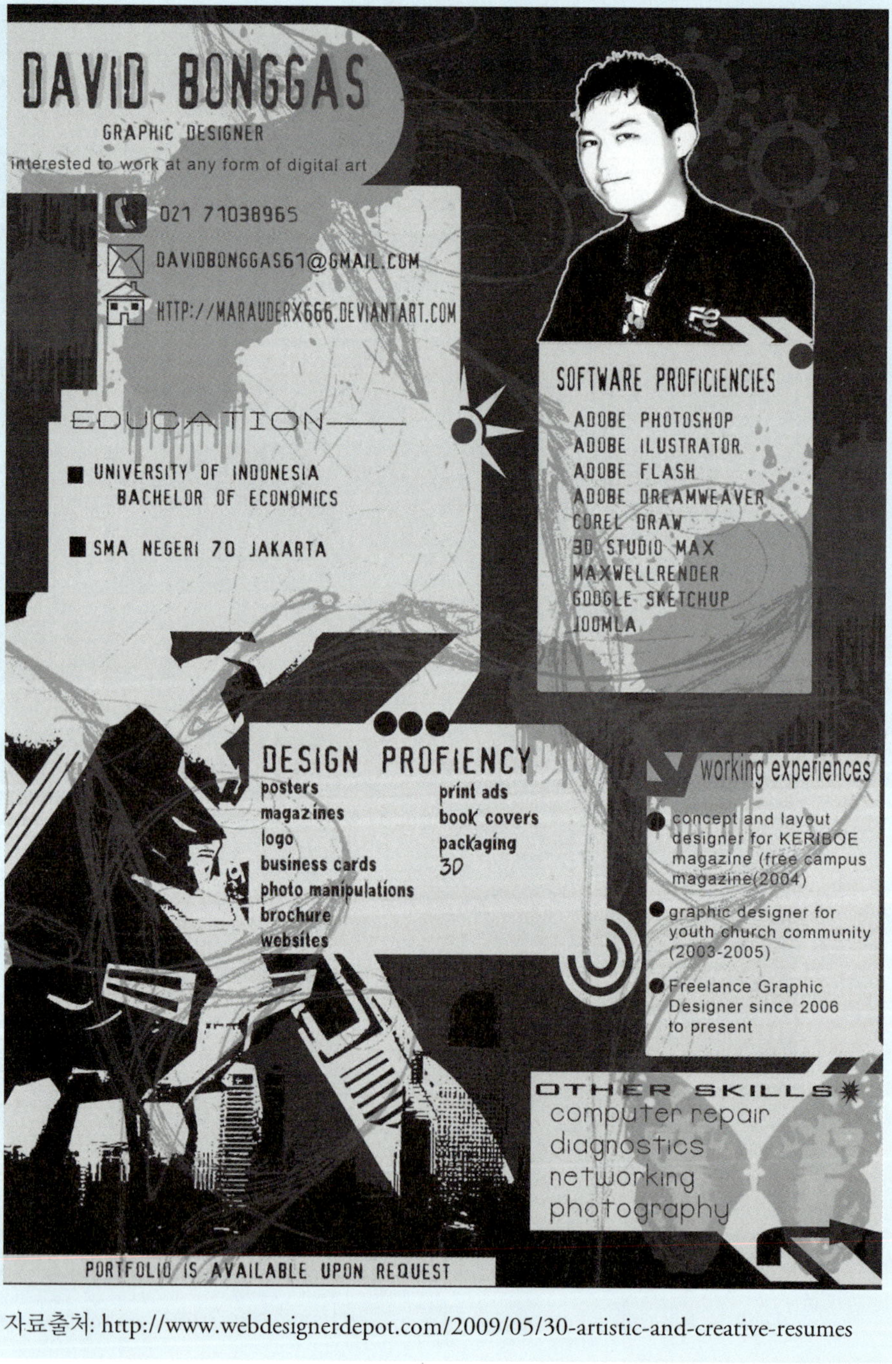

자료출처: http://www.webdesignerdepot.com/2009/05/30-artistic-and-creative-resumes

3 자기소개서

3.1 자기소개서의 작성

최근 대학졸업자나 구직자들은 이력서나 성적증명서와 함께 자기소개서를 반드시 제출해야 하며, 대학입시를 준비하는 고등학생들조차도 자기소개서를 제출하도록 요구되고 있다. 자기소개서란 일반적으로 타인에게 자신을 알리는 글이지만, 공학도에게는 취업이나 진학과 같은 특별한 목적을 가지고 자신을 평가할 사람들에게 자신의 배경이나 특징을 에세이 형태로 표현하는 글이다. 자신의 경력이나 학력을 중심으로 요약적으로 작성하는 이력서와 달리, 자기소개서는 이력서에 포함되지 않는 자신의 인성, 비전 등을 서술한다.

3.2 항목별 자기소개서 예시

기본적으로 자기소개서에 포함되는 항목은 다음과 같다: ① 성장배경, ② 자신의 장점과 단점, ③ 지원동기 및 포부. 이러한 항목들은 가장 기본적인 사항이지만 자신을

표 3.1 ● 이공계 주요 기업의 자기소개서 항목

LG전자	본인이 이룬 가장 큰 성취에 대하여
	본인의 가장 큰 실패 경험에 대하여
	본인의 역량에 관하여(Global 감각/지원 분야 관련 전문지식)
	본인의 성격에 관하여(본인의 약점/강점에 대하여)
	본인의 10년 후 계획에 대하여
대우 조선해양	귀하께서 Global 감각의 배양을 위해 수행한 활동과 그러한 활동을 통해 얻은 결과에 대해 구체적으로 기술하십시오.
	귀하께서 수강했던 전공(필수 & 선택) 과목 중 가장 관심 있었던 10과목을 과목명/취득평점 순서로 기술하십시오.
	사회봉사활동 (취지, 기관/단체명, 활동기간, 역할 등) 또는 수상 (주최기관/단체, 수상결과, 준비과정 등) 경력이 있다면 구체적으로 기술하십시오.
	귀하의 대학생활이 타인과 차별화 되는 이유를 지성인으로서의 가치관 형성/사회인식/학업 이외의 활동/미래에 대한 준비 차원에서 기술하십시오.

(계속)

표 3.1 ● 이공계 주요 기업의 자기소개서 항목(계속)

<table>
<tr><td rowspan="5">SK그룹</td><td>우리 회사를 지원하게 된 동기와 희망직무 및 그 이유에 대해 서술하십시오.</td></tr>
<tr><td>'자신'에 대해 기술하십시오.
1) 성장과정, 자신의 강약점(각각 3가지 이상), 가족사항</td></tr>
<tr><td>자신이 속한 단체 혹은 모임을 위해 개인적인 손해를 크게 감수했던 경험 중 기억에 남는 것을 골라 구체적인 상황, 자신의 행동, 결과 등을 기술해 주십시오.
1) 언제, 어떤 단체에서, 얼마 동안 활동했습니까?
2) 단체를 위해 어떤 손해를 감수했으며, 그 계기는 무엇이었습니까?
3) 본인의 노력이 단체에 미친 영향은 어떠하였습니까?</td></tr>
<tr><td>육체적인 도전을 제외하고, 지금까지 살아오면서 가장 어려운 일에 도전해본 경험을 골라 구체적인 상황, 자신의 행동, 결과 등을 기술해주십시오.
1) 언제, 어떤 계기로, 무엇에 도전했습니까?
2) 도전을 위해 구체적으로 어떤 행동과 노력을 했습니까?
3) 결과는 어떠했습니까?</td></tr>
<tr><td>지금까지 살아오면서 타문화를 이해하고 수용하는 능력을 키우는 데 가장 도움이 되었던 경험을 골라 구체적인 상황, 자신의 행동, 결과 등을 기술해 주십시오.
1) 언제, 어떤 계기로, 무슨 경험을 했습니까?
2) 그 안에서 본인이 취한 행동과 노력은 무엇이었습니까?
3) 결과는 어떠했습니까? 타문화를 이해하고 수용하는 데 구체적으로 어떤 영향을 미쳤습니까?</td></tr>
<tr><td rowspan="8">현대
모비스</td><td>자신이 지금까지 살아온 행적을 기술해 주십시오.</td></tr>
<tr><td>현대모비스에 지원하게 된 동기는 무엇인지 구체적으로 기술해 주십시오.</td></tr>
<tr><td>타인과 구별되는 자신만의 경쟁력 한가지와 이를 얻기 위해 본인이 노력했던 경험을 기술해 주십시오.</td></tr>
<tr><td>본인이 스스로 도전적인 목표를 세우고 스스로 계획하여 성과를 이룬 경험을 구체적으로 기술해 주십시오.</td></tr>
<tr><td>지원한 분야의 업무를 수행하는 데 있어서 자신에게 부족한 역량이 무엇인지와 이를 어떻게 극복할 것인지 기술해 주십시오.</td></tr>
<tr><td>본인이 그리는 10년 후 자신의 모습과 이를 달성하기 위한 계획을 구체적으로 기술해 주십시오.</td></tr>
<tr><td>세계적인 자동차부품 회사로 성장하기 위해 기술력과 더불어 현대모비스가 갖추어야 할 가장 중요한 핵심역량은 무엇이라고 생각하는지 자신의 의견을 기술해 주십시오.</td></tr>
<tr><td>최근의 글로벌 금융 위기가 자동차산업 및 현대모비스에 미칠 영향과 대응방안에 대해 기술해 주십시오.</td></tr>
</table>

(계속)

표 3.1 ● 이공계 주요 기업의 자기소개서 항목(계속)

KT	역량기술서 1. 타인의 삶에 감동을 주어 올바르게 변화시킨 사례에 대하여 기재(고객이해)
	2. 과거 구태의연한 방식에서 벗어나 새로운 시각으로 개선한 사례기재(창의)
	3. 과거 여러사람이 관계된 일을 수행할 때 상대방의 이익을 해치지 않고 목적을 달성한 사례에 대하여 기재(존중)
	4. 과거 타인과의 갈등 상황을 극복한 사례(배려)
	5. 본인의 인생 중 가장 도전적 목표라고 생각하는 내용을 기재(도전)
	6. 주도적으로 목표를 실행했던 사례(실행)
	7. 본인의 관심분야에 대한 전문지식 수준에 대해서 기재(전문지식)
	8. 본인의 경력개발을 위해 비전을 수립하고 이행한 사례 기재(직무수행 적합도)

가장 잘 표현할 수 있는 항목들이므로 초안 작성 후 지속적으로 수정해 나가면서 완성본을 만드는 것이 중요하다. 이러한 기본 항목들 외에 기업마다 기업의 특성에 맞는 인재를 뽑기 위한 질문들이 추가될 수 있다. 아래 표는 주요 국내그룹들이 요구하는 자기소개서의 항목들의 예를 보여준다.

앞서 언급한 바와 같이, 자기소개서를 구성하는 주요 요소는 성장배경, 성격의 장단점, 지원동기 및 포부이다. 동일한 요소에 대해 여러 개의 예문을 통하여 효과적인 자기소개서 작성 방법을 알아보자.

❶ **성장배경:** 예문 3.8에서 보는 바와 같이, 성장배경은 단순히 지난 과거의 사시들을 나열하는 것이 아니라, 지원하는 기관과 업무의 성격과 연관지어 자신의 성장배경이 직장생활에 밑거름이 될 것임을 강조한다.

❷ **성격의 장단점:** 자신의 장점은 가능한 자신만의 고유한 특징을 강조하면서 직장의 업무 수행에 도움이 될 것임을 서술하는 것이 중요하다. 단점이나 보완점도 개인적으로는 약한 부분이 될 수 있지만, 업무 수행에 있어서는 오히려 장점으로 승화될 수 있음을 역설한다.

❸ **지원동기 및 포부:** 앞의 두 요소에 비하여 지원동기 및 포부는 희망 업무의 기술적 특성과 많은 연관을 짓게 된다. 즉 자신의 전공분야가 지원하는 업무의 특성을 위해 준비되어 왔음을 강조하고, 그 업무가 자신의 인생의 궁극적인 목표로 향하는 진로 상에 이미 계획되어 있었음을 역설한다.

▶ (예문 3.8) 자기소개서 〈성장배경〉

성장과정 및 학교생활에 대하여 400자 이내로 작성하시오

저는 운동을 좋아하여 역도부에 가입하여 열심히 운동하였고, 이는 공부를 지지할 수 있는 건강한 체력을 가져다 주었습니다. 남성들만 회원인 이곳에서 부장을 역임하면서 화합을 이끌어 내며 체계적이고 합리적인 자세로 여러 가지 행사와 사업을 힘있게 추진해 왔습니다. 조직 내에서 팀원들과의 화합을 중요하게 생각하며, 동아리의 리더로 활동하면서 체계적인 조직 운영 능력과 융통성을 더욱 키울 수 있었습니다. 뿐만 아니라 제 22, 23 동아리 연합회 무예분과장을 역임하면서 9개의 동아리를 관리하면서 저의 리더십을 맘껏 발휘할 수 있었습니다. 매주 세 개의 모임을 가지면서 좋은 학점을 유지할 수 있었던 것은 철저한 시간 관리와 주어진 일에 최선을 다하는 꼼꼼하고 차분한 성격을 지니고 있기 때문이라 생각합니다.

성장과정

"내 생활은 내 힘으로!" 넉넉하지 못한 가정환경에서도 열심히 일하시는 부모님을 통해서 조금씩 진실하고 성실한 삶의 자세를 배웠습니다. 이런 부모님의 삶의 자세와 또 부모님을 기쁘게 해 드리고 싶어 열심히 공부하였습니다. 정보통신이라는 네 글자에 매료되어 고 3때부터 스스로 정보통신에 대한 자격증 취득에 전념하며 저의 성장과정은 도전과 좌절 그리고 극복의 연속이었습니다. 강원도 최전방 군 생활에서부터 모든 생활비를 자력으로 벌며 이국의 문화를 몸으로 체험한 어학연수를 거치며 '어떠한 장애도 무릎 꿇을 수 있다' 는 자신감과 돌파감을 얻었습니다. 방학 때마다 각종 아르바이트를 하면서 학비와 용돈을 스스로 충당하였습니다. 이와 같은 다방면의 경험은 앞으로 직장 생활하는 데 큰 자산이 될 것입니다.

자기PR

"오기와 끈기의 사나이!" 홍성욱입니다. 강해 보이는 이미지처럼 저의 성격은 어떤 일을 하든지 끝까지 포기하지 않고 해낼 수 있게 해주는 원동력이 되어 주었습니다. 기본에만 머무르지 않기 위해 전공 관련 논문을 쓰면서 좀 더 나은 실력을 쌓고자 노력하였습니다. 현재 삼성전기와 병렬처리를 통한 초고속 화상 처리 모듈 개발을 진행하고 있으며 영국 브리스톨 의대와 MRI 의료 영상 처리 관련 프로젝트를 수행하며 실무 경험 증진에 매진하고 있습니다. 저의 이러한 많은 연구 경험을 토대로 귀사의 정보통신 개발 직무를 수행하며 IT 접목 멀티미디어 시스템 개발에 제 지식을 충분히 활용하여 현대기아자동차가 세계 일류 기업으로 도약하는 데 중심이 되어 시너지 효과를 발휘할 것을 확신합니다.

▶ (예문 3.9) 자기소개서 〈성격의 장단점〉

자신의 장점을 200자 이내로 작성하시오

저는 맡은 일에 대해서는 끝까지 이뤄내는 강한 책임감과 한 번 몰입한 일에 대해서는 며칠을 밤 세워 하고야 마는 집중력을 갖고 있습니다. 집중을 발휘해야 하는 일은 합리적인 판단과 새로운 기술에 대한 빠른 습득력을 바탕으로 힘 있게 일을 추진해 나가는 편입니다. 또한 말만 앞서고 행동이 뒤따르지 못하는 사람은 신뢰받을 수 없다는 것을 알기에 언행일치를 통해 주위에 인정받는 믿음직한 사람이 되어 왔다고 생각합니다.

자신의 보안점을 200자 이내로 작성하시오

저의 장점이라고 말할 수 있었던 집중력은 때론 타인에 대하여 배려를 하지 못하고 저의 일에만 몰두하여 큰 숲을 보지 못하는 단점이 되기도 합니다. 집중 하고 있는 일을 방해 받고 싶지 않아 하는 행동은 타인에게 이기적으로 비춰지기도 하고 조직 생활에 어울리지 못한다는 오해를 받기도 합니다. 이러한 점들은 학교에서 겪어 왔던 단체 생활을 바탕으로 조직의 화합과 융통성을 위해 지속적으로 보완해야 한다고 생각합니다.

성격의 장단점 및 특기

"백문이 불여일행!" 저의 장점은 지치지 않는 끈기와 쉽게 포기치 않는 일에 대한 열정입니다. 통신병으로 근무했던 군 시절 훈련도중 통신두절이 생길 때면 저는 신속하게 주파수 변경 등을 하여 원활한 통신을 할 수 있게 하였습니다. 이로 말미암아 저는 훈련이 끝나고 연대장 포상 외박을 받기도 하였습니다. '경험만큼 값진 것은 없다.' 라는 좌우명 탓에 무엇이든 도전하는 것을 두려워하지 않습니다. 저의 단점은 남을 위한 지나친 배려입니다. 과도한 배려심 때문에 저 자신이 피해를 보는 경우가 많습니다. 원만한 대인 관계를 가장 중요하게 생각한 나머지 이런 경우가 자주 발생하곤 하지만 될 수 있으면 상대에게 피해가 되지 않는 선에서 제 자신 또한 아끼고 사랑하는 마음을 가지도록 노력하고 있습니다.

▶ (예문 3.10) 자기소개서 〈지원동기 및 포부〉

지원동기 및 장래포부에 대하여 400자 이내로 작성하시오

삼성전기는 새로운 기술을 도전하고 미래 시장에 선두가 되기 위해 끊임없이 노력하고 있다고 생각합니다. 특히 자동화 제어 분야에서는 고속화된 성능과 높은 정확도를 갖는 검사 시스템을 확보하여 세계적인 경쟁력을 갖춰 앞서 나가고 있다고 생각합니다. 이를 위해 저는 MIL, HALCON, COGNEX와 같은 다양한 상용 소프트웨어를 분석하여 정확도를 높이기 위한 방법과, OpenMP나 SSE 및 CUDA와 같은 다양한 병렬처리 기술을 습득하여 시스템 속도를 향상 시킬 수 있는 방안을 연구하여 왔습니다. 저는 이러한 점들이 삼성전기가 추구하고자 하는 개발 방향에 부합하고 현장에서 유연성을 확보 할 수 있는 적임이라고 생각하여 지원하게 되었습니다. 저에게 기회가 주어진다면, 항상 배운다는 마음으로 모든 일에 임하여 주위 사람들에게 든든하다는 신뢰를 심어주고 제가 차지하고 있는 몫 이상의 의미와 가치를 가진 이가 되겠습니다. 합리적이고 체계적인 사고와 강한 책임감과 추진력을 통해 저에게 주어진 일에 최선을 다할 것입니다. 나아가서 동료들을 한마음으로 화합시키는 데 앞장서고 새로운 기술을 먼저 받아들이는 인재가 되겠습니다.

지원동기

저는 SKY 사용자로서 처음 PANTECH에 관심을 가지게 되었습니다. 처음 IM-

7400을 구매하면서 주변 사람들에게 많이 들었던 말이 "SKY는 튼튼하지 못하다."라는 말이었습니다. 하지만 그 말이 무색하게 IM-7400은 저와 5년이란 시간을 함께 했습니다. 그 후 IM-S130을 거쳐 현재 IM-U220을 사용하며 직접 사용하면서 좋았던 점, 불편했던 점을 고객리뷰로 남기곤 하였습니다. 그렇게 시작한 PANTECH에 대한 관심이 현재 열정으로 바뀌었습니다. 이제는 사용자뿐만 아니라 사용자의 마음을 이해하는 개발자로서 제가 느끼고 겪었던 점을 수정, 보완하여 모든 고객이 만족할 수 있는 휴대폰을 만들고자 지원하게 되었습니다. 또한 채용설명회를 통해 '사람 중심의 경영' 이라는 경영이념에 또 한번 PANTECH의 일원이 되고자 하는 열의를 불태우게 되었습니다. 이미 PANTECH 제품의 내구성과 디자인은 어떤 제품 못지않게 뛰어남을 자랑하고 있습니다. 앞으로 그 기반을 더 탄탄히 하고 국내시장과 세계시장을 이끌어 가는 데에 PANTECH 의 일원으로서 함께하고 싶습니다.

지원동기 및 입사후 포부

"도전이 세상을 바꾼다!" 광운대학교 정보과학교육원 편입상담 부팀장으로 일하면서 팀원들의 역할분담과 의사소통의 중요성을 배울 수 있었던 경험, 어학연수 시절 영어회화 증진을 위해 메모지를 매일 가지고 다니면서 기록했던 꼼꼼함, 사람들과의 약속시간 5분 전에 먼저 기다리는 자세, 이것을 바탕으로 도전하는 세계인, 화합하는 조직인, 학습하는 전문인, 봉사하는 사회인을 요하는 현대기아자동차에서 즐겁고 활력을 주는 기업을 만드는 데 이바지하기 위해 젊은 마음을 가진 충성 고객 홍성욱이 입사지원을 하게 되었습니다. 10년째 현기차를 애용하고 아끼는 애호가의 한 사람으로서 현대기아자동차가 브랜드파워에서 세계 명성을 떨치게 되는 그날까지 충성고객인 동시에 생각의 전환에 터닝포인트 역할을 하는 엔지니어로 성장하겠습니다.

성장배경, 성격의 장단점, 지원동기 및 포부 등 주요 요소들에 표현되지 못한 자신의 소개 사항들은 예문 3.11과 같이 기타 항목으로 작성할 수 있다. 기타 항목의 작성 요령은 자신의 다양한 경험 및 인성적 특성들이 지원하는 기관 및 업무에 얼마나 긍정적으로 활용될 수 있는지 피력하는 것이다.

▶ (예문 3.11) 자기소개서 〈기타 항목〉

자신이 가진 열정에 대하여

자신감과 에너지. 저는 제 열정을 표현하기 위한 말은 바로 이 두 단어라고 생각합니다. 저는 제가 맡은 일을 끝마치기 위해 모든 힘을 쏟아 붓습니다. 임베디드 시스템 및 설계라는 과목을 수강하면서 Atmega128을 이용하여 직접 맥박을 측정하는 맥박기를 만든 경험이 있습니다. 이 프로젝트를 수행하기 전까지 저는 임베디드 시스템과 전반적인 프로세스에 대한 이해가 부족했습니다. 하지만 프로젝트를 수행하기 위하여 남들보다 더 많은 책을 읽었고, 더 많은 자료를 찾기 위해 노력하였습니다. 매번 강의 시간이 끝난 후에도 혼자 실습실에 남아 프로젝트를 수행하였습니다. 그리고 한 학기 동안 조교님이 귀찮아하실 정도로 찾아가 제가 모르는 점을 어떻게든 해결하려고 노력하였습니다. 결국 학기말에 성공적으로 프로젝트를 완성할 수 있었습니다. 이렇게 저는 제가 하고자 하는 일에 대해서 굉장한 집중력을 발휘합니다. 이런 집중력으로 인해 모든 일을 성공적으로 끝마칠 수 있었습니다.

저는 어떠한 사람이든 자신이 하는 일에 대해서 자신감을 가지고 임해야만 성공적으로 끝마칠 수 있다고 믿습니다. 자신에 대한 믿음으로부터 나오는 자신감이 없으면 쉽게 끝마칠 수 있는 일임에도 불구하고 힘을 잃고 오히려 자신이 그 일에 짓눌리기 마련입니다. 이런 사람들은 자신감도 잃고 일에도 성공을 못할 뿐만 아니라 그로부터 패배감을 가지고 살아가는 불행한 사람일 것입니다. 하지만 저는 항상 저에 대한 믿음을 가장 중요시 여기고, 그 믿음을 지키려 노력합니다. 그로부터 나오는 자신감을 통해 일을 해내는 에너지가 표출된다고 생각합니다. 이렇게 자신감과 에너지가 저의 열정을 충분히 발휘할 수 있도록 하는 원동력입니다. 이런 원동력으로부터 나오는 성취감은 제 자신을 가장 행복한 사람으로 만들어 줍니다.

3.3 에세이형 자기소개서

자기소개서는 여러 사람들이 작성한 많은 자기소개서 중 자신을 얼마나 눈에 띄게 잘 표현하느냐 하는 것이 관건이라고 할 수 있다. 앞의 예문들은 자기소개서의 구성 요소들로 분리되어 작성되었지만, 예문 3.12와 같이 하나의 에세이 형태로 작성되어 제출하는 경우도 있다. 이러한 자기소개서에서는 각각의 주요 요소들이 쉽게 파악될 수 있도록 각 항목마다 주제를 달거나, 문단을 나누어 작성하는 것이 효과적이다. 이러한 면에서 자기소개서는 독창성과 창조성을 요구하지만 무엇보다 중요한 것은 과장되지 않고 거짓없이 자신을 소개하는 진실성이다.

▶ (예문 3.12) 자기소개서 〈에세이형 자기소개서〉

'푼돈의 모래(SiO2)로부터, 갈고 닦는 몇 가지 공정을 거쳐 몇 백 달러의 가치를 지닌 수백 개의 마이크로프로세서가 될 수 있는 것처럼 저 또한 지금까지 실력을 쌓기 위해 노력해 왔고, 현재도 꾸준히 노력을 하고 있는 사람입니다.'

인하대학교 정보통신공학부에 입학한 저는 학과 공부는 물론 동아리 활동에도 최선을 다하며 즐겁고 보람된 대학생활을 보냈습니다. 특히 운동하는 것을 좋아하여 인하대학교 역도부에 가입하여 매일 열심히 운동하였고, 이는 공부를 지지힐 수 있는 긴강힌 체력을 가져다 주었습니다. 남성들만 회원인 이곳에서의 부장을 역임하면서 화합을 이끌어내며 체계적이고 합리적인 자세로 여러 가지 행사와 사업을 힘차게 추진해 왔습니다. 조직 내에서 팀원들과의 협조와 융화를 중요하게 생각하는 저는 동아리의 리더로 활동하면서 체계적인 조직 운영 능력과 융통성을 더욱 키울 수 있었습니다. 저는 특히 대인관계가 매우 좋은 편으로 혼자 있을 때보다 함께 있을 때 더욱 빛이 나는 사람이라는 평을 주위에서 듣곤 합니다. 또한 해병 전우회 하룡회에 가입하여 매주 교내청소 및 교외 고아원 아이들 목욕시키기 봉사활동을 가져왔습니다. 뿐만 아니라 제22, 23 동아리 연합회 무예분과장을 역임하면서 9개의 동아리를 관리하는 동시에 저의 리더십을 맘껏 발휘 할 수 있었습니다.

매주 세 개의 모임을 가지면서 좋은 학점을 유지할 수 있었던 것은 철저한 시간 관리와 활용을 잘 해왔고, 저에게 주어진 일에 최선을 다하는 꼼꼼하고 차분한 성격을 지니고 있기 때문이라 생각합니다. 1학년 재학 시절 하늘 사랑에서 사이버 캅 활동을 하여 간접적인 사회 경험도 할 수 있었습니다. 한번 맡은 일에 대해서는 끝까지 이뤄내는 강한 책임감을 지니고 있는 저는, 합리적인 판단과 예지력을 통해 능동적으로 일을 추진해 나가는 편입니다. 말만 앞서고 행동이 뒤따르지 못하는 사람은 결코 타인에게 신뢰받을 수 없다는 것을 알기에 저는 언행일치를 통해 주위 친구들이나 동료들에게 인정받는 믿음직한 사람이 되어 왔다고 생각합니다. 그러기 위해 평소에 말보다는 행동으로 인정받는 사람이 되자는 마음가짐으로 제게 주어진 일에 최선을 다하고 있습니다.

조기출퇴근제, 현장근무제, 불합리하고 불필요한 규정 철폐, 신인사제도의 추진 등 차별화된 경영을 통해 투명한 재무구조를 가져 외국 투자자들 뿐만 아니라 대학생들이 가장 가고 싶어하는 우리나라 최고의 기업이 삼성이라고 생각합니다. 앞선 기술과 최고의 서비스로 고객 만족을 위해 최선을 다하는 기업의 일원이 되어 저의 모든 능력과 열정을 다해 일해보고 싶습니다. 저는 그동안 철저한 자기관리와 시간관리를 통해 저에게 맡겨진 일에 대해서는 한 치의 실수 없이 완벽하게 처리할 수 있도록 최선을 다해 왔으며 그 결과 주위에서는 무슨 일이든 잘 하고 어떤 일이든지 믿고 맡길 수 있는 믿음직한 사람이라고 평해 주시곤 했습니다. 이것이 끊임없이 새로운 기술에 도전하고 미래를 개척해가는 정보통신 총괄에 적임이라고 생각합니다. 항상 배운다는 마음으로 모든 일에 임하여 주위 사람들에게 든든하다는 신뢰를 심어주고 제가 차지하고 있는 몫 이상의 의미와 가치를 가진 이가 되겠습니다. 저에게 기회를 주신다면 합리적이고 체계적인 사고와 강한 책임감과 추진력을 통해 저에게 주어진 일에 최선을 다할 것이며, 나아가서 동료들을 한마음으로 화합시키는데 앞장서서 윈–윈의 열매를 맺도록 앞장 서는 인재가 되겠습니다.

다이아몬드는 자기 본분에 충실한 탄소 덩어리에 불과하다.

— 미니 리차드 스미스

이 말은 제 삶의 격언입니다. 원칙과 본분을 다하는 탄소 덩어리가 다이아몬드라는 의미이지요. 다이아몬드처럼 아름다워지기 위해서 해야 할 일은 너무나 많은 성공관련 책들이 말하는 것처럼 단순히 원칙과 본분을 다하는 것이라 생각합니다. 전 아직은 탄소 덩어리인 검은 흑연에 불과하나 점차 다이아몬드와 같은 아름다운 모습이 되도록 노력하고 있습니다.

전 학부시절 컴퓨터비전 연구실에서 졸업 프로젝트를 진행하면서 영상처리에 대해 관심을 갖게 되었습니다. 그리고 꾸준히 연구하는 선배님들의 모습이 너무나 아름다워 석사과정을 밟게 되었습니다. 며칠 뒤 교수님께서 이런 말씀을 해주셨습니다. "은수야, 이제 병렬 프로그래밍이 대세이다. 우리 한 번 이미지처리를 효과적으로 수행할 수 있는 병렬 처리에 대해서 연구해 보자꾸나. 멀티코어 시대가 도래했기에 병렬화 프로그래밍을 작성하지 못한다면 진정한 엔지니어라고 볼 수 없단다." 이 말에 감격하여 그 때부터 진정한 프로그래밍 엔지니어가 되기 위해 쭉 병렬 이미지 처리를 연구하고 있습니다.

병렬 이미지 처리를 공부하면서 SSE(Streaming SIMD Extensions)명령어, OpenMP, MPI(Message Passing Interface), CUDA와 같은 병렬처리를 위한 많은 툴을 접했습니다. 데이터 레벨, 코어레벨, 노드 레벨에서 이루어질 수 있는 병렬 처리에 관한 공부는 정말 저에게 흥미롭고 함께하고픈 주제였고, 지금도 계속 연구 중입니다. 현재는 GPU를 이용한 병렬처리인 CUDA를 분석하고 연구 중에 있습니다. 계속 새로운 주제를 접하면서 병렬처리의 전반적인 사항을 모두 경험해 볼 수 있었습니다.

성품은 존재의 건축양식을 결정한다.

— 루이스 네벨슨

전 배움에 대한 열망이 있습니다. 항상 현상에 대해 궁금해하며, 학자의 자세를 잃지 않도록 최선을 다하고 있습니다. 또한 장점이자 단점이기도 한 강한 승부근성을 갖고 있습니다. 이러한 근성과 열망에 강인한 체력이 더해져 밤샘 연구도 마다하지 않으며 즐겁게 일합니다.

저의 성격상의 단점은 가끔 발생하는 지나친 자신감입니다. 가끔 이런 성격이 반영되어 작업 계획을 너무 크게 잡는 경향이 있습니다. 현재보다 현실적인 계획을 세우고 체계적으로 큰 목표를 이룩해 나가기 위한 방법들을 연습하고 있습니다.

장래 비전 및 희망

제 꿈은 끊임없이 몰입하는 연구자입니다. 따라서 좀 더 포괄적이고 넓은 분야의 지식을 습득해 가고자 합니다. 그리고 이렇게 습득된 많은 지식이 사회를 위해 사용된다면 더할 나위 없이 좋겠습니다. 그리고 행복한 가정을 꾸리고 싶습니다. 이제 나이가 들면 가정을 꾸리기 위해 결혼 등 많은 준비를 해야 할 것입니다. 행복한 가정은 저에게 끊임없이 존재의 이유를 상기시켜 줄 것이며 저는 그 힘을 토대로 계속 성장해 나갈 수 있을 것입니다.

4 회의록

4.1 개요

직장에서의 회의는 주간, 월간, 분기별 등 정기적으로 수행되기도 하고 심지어 매일 회의를 갖는 조직들도 많다. 각 회의마다 반드시 작성되어야 할 회의록은 업무의 진행상황과 문제점들을 파악하고 그 해결방법과 향후 업무의 진행 방향을 모색하여 기록하는 것이다. 회의록은 기업의 특성이나 업무의 성격, 그리고 책임자의 취향에 따라 그 형식이 변형될 수 있겠으나, 회의록에 기재해야 할 필수사항들은 다음과 같다.

① 기본사항: 회의 제목, 일시, 장소, 참석자, 회의록 작성자, 회의록 번호 등
② 회의내용: 회의에서 토의된 내용의 요약
③ 결정사항: 회의에서 결정된 사항 및 다음 회의까지 달성해야 할 업부 내용

4.2 회의록의 예문

이 절에서는 다양한 기관에서 실제 업무와 관련된 회의록들을 예문으로 제시하고 분석한다.

예문 3.13은 회의록의 세 가지 필수사항을 잘 갖추고 있는 반면, 예문 3.14는 회의 결정사항을 기록하는 별도의 공간이 없음을 볼 수 있다. 또한 예문 3.15의 경우, 한 회의에서 다루어지는 여러 의제들을 각각 구분하여 기록하고 결론을 작성할 수 있도록 마련한 것이 독특하다.

▶ (예문 3.13) 회의록 1

<table>
<tr><td rowspan="3" colspan="2">서울도시가스</td><td rowspan="3" colspan="5">회 의 록</td><td colspan="2">PAGE</td><td colspan="2">1</td></tr>
<tr><td colspan="2">작성자</td><td colspan="2">박 준 현</td></tr>
<tr><td colspan="2">작성일</td><td colspan="2">2005. 08. 05.</td></tr>
<tr><td colspan="2">회 의 명</td><td colspan="5">시설분담금 처리기준 실무자 회의</td><td colspan="2">회의주재</td><td colspan="2">영업개발팀</td></tr>
<tr><td colspan="2">장 소</td><td colspan="5">본사4층 영업개발부 회의실</td><td colspan="2">회 의 일</td><td colspan="2">2005. 07. 28.</td></tr>
<tr><td colspan="2">회의주제</td><td colspan="5">시설분담금 처리기준 통일안 마련</td><td colspan="2">회의시간</td><td colspan="2">16:00 ~ 18:00</td></tr>
<tr><td rowspan="3">참석인원</td><td>소 속</td><td>직 급</td><td>성 명</td><td>서명</td><td>소 속</td><td>직 급</td><td colspan="2">성 명</td><td colspan="2">인</td></tr>
<tr><td>서부지사</td><td>과장</td><td>박이철</td><td></td><td>남부지사</td><td>과장</td><td colspan="2">한영대</td><td colspan="2"></td></tr>
<tr><td>경기지사</td><td>과장</td><td>이종욱</td><td></td><td>북부지사</td><td>부과장</td><td colspan="2">김지희</td><td colspan="2"></td></tr>
<tr><td>회의내용</td><td colspan="10">1. 시설분담금 산정의 통일안 마련
2. 41㎥/h 이상 시설분담금 처리기준 우선순위 결정 (증기보일러)
3. 시설분담금(등급) 분할 또는 통합시 처리방법</td></tr>
<tr><td>회의결과</td><td colspan="10">1. 시설분담금 산정의 통일안 재확인
① 계량기별 시설분담금 산정
② 40㎥/h 이하 현행과 동일 산정

2. 41㎥/h 이상 시설분담금 처리기준 우선순위 결정 (증기보일러)
① 제작사별 제품사양서 연료소비량으로 산정
② 사양서가 없는 경우, 보일러 명판의 가스소비량 또는 정격 발열량으로 산정

3. 시설분담금(등급) 분할 또는 통합시 처리방법
① 분할.통합은 기존 분담금 납부내역 내에서 합의하고 등급을 정리하여 전산등록 처리
② 이후 재 변경사항 발생시 1차 분할.통합 처리내역을 기준으로 재분할,통합하여 전산등록 처리 (최초 분담금은 1차 분할.통합시 전산등록 처리되어 여분의 분담금은 이미 소실되어 인정 않됨)</td></tr>
<tr><td rowspan="2">비고</td><td rowspan="2" colspan="4">◈ 팀장회의시 대내외 여건상 업무 절차서 개정으로 추진할 부분과 업무지침으로 추진할 부분에 대한 사안별 결정이 필요함</td><td rowspan="2">결재</td><td>담 당</td><td colspan="2">팀 장</td><td colspan="2">임 원</td></tr>
<tr><td></td><td></td><td></td><td></td><td></td></tr>
</table>

▶ (예문 3.14) 회의록 2

회의록

<table>
<tr><td>과 제 명</td><td colspan="4">반도체 웨이퍼 고속 2D, 3D 복합 검사장비 개발</td></tr>
<tr><td>연구 책임자</td><td>소 속</td><td>정보통신공학</td><td>성 명</td><td>김학일</td></tr>
<tr><td>개최일자 및 장소</td><td>일 자</td><td>2009.06.03, 4:00~6:00</td><td>장 소</td><td>에이티아이(주)</td></tr>
<tr><td rowspan="2">집 행 내 역</td><td>식 비</td><td>다과비</td><td>기 타</td><td>계</td></tr>
<tr><td></td><td></td><td></td><td></td></tr>
<tr><td>회 의 목 적</td><td colspan="4">과제 실현 방안 및 실현 계획 구체화를 위한 회의</td></tr>
<tr><td>회 의 록
(회의내용)</td><td colspan="4">1. 에이티아이에서 회의와 관련된 내용을 발표했음

가. 반도체 검사 장비의 설명
1) 반도체 웨이퍼 검사 장비의 기술적 내용을 설명

나. 인하대학교에서 개발되어야 할 내용을 설명
1) 고속 위상 계산 알고리즘
(1) 아크 탄젠트 계산 결과로 얻어진 이미지는 4Gbyte float(4byte)형 데이터 타입

2) 2D, 3D 특징 추출 알고리즘
(1) 1byte(8bit) 이미지의 고속 레이블링
(2) 마스크 내의 GV(Gray value)의 평균값을 레이블링의 기준 값으로 설정함

다. 협의 내용
1) 고속 위상계산 알고리즘은 단순성으로 인하여 쉽게 CUDA, SSE, OpenMP 등 병렬처리를 적용할 수 있음

2. 에이티아이 요구 사항
가. 고속 위상 계산 알고리즘은 7월 말까지 완료되길 희망함

3. 인하대 요청 사항
가. 고속 위상 계산 알고리즘에 쓰일 샘플 데이터들
나. 2D, 3D 특징 추출 알고리즘에 대한 보다 구체적인 설명과 여기에 사용될 샘플 데이터
다. 에이티아이의 소프트웨어 개발 환경정보
1) 이식성을 위해 사용되고 있는 운영체제, 개발툴, 사용되고 있는 머신의 스펙과 같은 개발환경에 대한 정보가 필요함</td></tr>
</table>

<table>
<tr><td rowspan="4">참석자</td><td>소속</td><td>성명</td><td>서명</td><td>소속</td><td>성명</td><td>서명</td></tr>
<tr><td>인하대학교</td><td>김학일</td><td></td><td>인하대학교</td><td>최학남</td><td></td></tr>
<tr><td>인하대학교</td><td>박은수</td><td></td><td>인하대학교</td><td>김준철</td><td></td></tr>
<tr><td>인하대학교</td><td>정용한</td><td></td><td>에이티아이(주)</td><td>윤두현</td><td></td></tr>
</table>

2009 . 6. 3

연구책임자 : 김학일 (인)

▶ (예문 3.15) 회의록 3

회의록

[회의 제목]			
[날짜 선택]	[회의 시간]		[회의 장소]
회의 소집인			
회의 종류			
진행자			
서기			
계시원			
참석자			
[의제 항목]			
[할당된 시간]	[발표자]		
토론			
결론			
수행 항목		책임자	최종 기한
[의제 항목]			
[할당된 시간]	[발표자]		
토론			
결론			
수행 항목		책임자	최종 기한
[의제 항목]			
[할당된 시간]	[발표자]		
토론			
결론			
수행 항목		책임자	최종 기한

5 출장보고서

출장보고서의 목적은 누가, 언제, 어디서, 무슨 업무를, 왜, 어떻게 수행했는지 상급자 및 팀원들에게 보고하는 것이다. 따라서 6하 원칙에 따라 작성하는 것이 일반적이나, 출장보고서의 양식은 기업의 내부 특성이나 업무 성격, 그리고 상급자의 취향에 따라 다양한 형태가 있을 수 있다. 출장보고서의 기본 양식은 기업마다 제공하는 해당 양식을 사용한다.

출장보고서에 작성되어야 할 사항들은 다음과 같이 구분할 수 있겠다.

① 기본사항: 출장자, 출장지, 출장기간

② 출장내용: 출장목적, 출장 중 업무 내용 및 결론

③ 첨부사항: 출장비 사용 내역 및 증빙 자료

위 사항 가운데 가장 중요한 것은 출장내용이며, 그 가운데서도 출장 중 수행한 업무 내용 및 출장으로 얻어진 결론일 것이다. 여기에는 필요에 따라 향후 회사에서 취해야 할 대비책까지 제시한다면 더욱 완벽한 출장보고서가 될 수 있겠다.

예문 3.16~예문 3.19는 대학 및 기업에서 사용하고 있는 다양한 출장보고서 양식들을 보여주고 있으며, 특히 예문 3.19는 웹브라우저를 통하여 작성할 수 있도록 제공되는 온라인 출장보고서의 예이다.

▶ (예문 3.16) 출장보고서 1

담 당	주 임	과 장	처 장

출 장 복 명 서

소 속		직 위		성 명	
출장기간	20 . . ( ) ~ 20 . . ( ) : 박 일				

1. 출장목적 :

2. 출장장소 :

3. 출장내용 :

위와 같이 복명합니다.

20 년 월 일

출 장 자 : (인)

▶ (예문 3.17) 출장보고서 2

출 장 복 명 서

1. 출장 기간
   ① 출발 : 2001 년 월 일 (요일)부터
   ② 귀청 : 2001 년 월 일 (요일)까지
2. 출장지명 :
3. 출장 목적 :
4. 복명 내용 :
   ①
   ②
   ③
   ④
   ⑤
   ⑥
   ⑦

명에 의하여 출장하였으며 위와 같이 복명합니다.

2001 년 월 일

복명자 직 : 성명 : (인)

결재	계	교감	교장

▶ (예문 3.18) 출장보고서3

출장결과보고서(국내,국외)

<table>
<tr><td>출 장 일</td><td colspan="6">년 월 일 ~ 년 월 일 (박 일)</td></tr>
<tr><td rowspan="5">출 장 자</td><td>직 급
(석/박과정,학기)</td><td>인 원</td><td colspan="4">성 명</td></tr>
<tr><td></td><td></td><td></td><td></td><td></td><td></td></tr>
<tr><td></td><td></td><td></td><td></td><td></td><td></td></tr>
<tr><td></td><td></td><td></td><td></td><td></td><td></td></tr>
<tr><td></td><td></td><td></td><td></td><td></td><td></td></tr>
<tr><td>출 장 지</td><td colspan="6">지역 :
장소 :</td></tr>
<tr><td>출장목적</td><td colspan="6"></td></tr>
<tr><td>수행내용</td><td colspan="6"></td></tr>
</table>

항 목	금 액	산출근거
교 통 비		
일 비		
숙 박 비		
식 비		
기타(등록비)		
총 계		

이상과 같이 출장결과를 보고합니다.

년 월 일

출 장 대 표 자 : (인)
지 도 교 수 : (인)
확인자(총괄책임자) : (인)

총 장 귀 하

▶ (예문 3.19) 출장보고서 4

결재	기안자	부장
	김광수	정규철

교육 참가 의뢰서

○ 기록문서번호 : SCG-교육-교육 참가 의뢰서-2009- 호
○ 교 육 년 도 : 2009
○ 작 성 일 자 :
○ 부 서 명 :
○ 소 속 과 :
○ 직 급 / 성 명 :

교육 내용	*교 육 명				
	교육구분		분류코드		선택하세요
	*교육일정	16 ~ 16			
	*교육장소				
	*교육주관 (기관명)				
	*내 용				
교육 대상	소속부서	경영기획팀			
	직/성명	차장 김광수			

	구 분	내 역	금 액	비 고
*교육 소요 비용	교 육 비			VAT 선택하세요
	고용보험	☐ 고용보험지원		
	교 통 비			
	숙 박 비			
	일 비			
	식 대			
	기 타			
	계			

*교 육 목 적 (요점만 기술)	
*교육내용 활용방안	
기 타 사 항	

인사팀 접수일시		접수자	

※ * 표시된 부분은 전자결재 품의서에 그대로 반영되는 항목이므로 자세히 기입 요망

관련근거파일	찾아보기...	첨 부 / 삭 제 / 전체삭제
붙 임 파 일	찾아보기...	삭 제 / 전체삭제

6 업무보고서

6.1 업무보고서의 목적

업무보고서의 목적은 업무의 전반적인 진행상황과 문제점, 최종 목표까지 도달하기 위해 남은 과제 등을 상급자 및 팀원들에게 주기적으로 보고하고 기록하는 것이라 하겠다. 따라서 업무보고서는 업무의 진척상황에 대해 다른 사람들에게 알리는 수단이 되며, 업무를 수행함에 있어 자신이 행해야 할 과제는 무엇이며 다른 사람들이 협조해 주어야 할 사항들은 무엇인지 파악할 수 있는 수단이 되기도 한다.

6.2 업무보고서의 구분

업무보고서는 보고하는 주기에 따라 일일보고서, 주간보고서, 월간보고서, 분기보고서, 연차보고서 등으로 구분되며, 보고하는 목적에 따라 제안서(Proposal), 중간보고서(Progress Report), 최종보고서(Final Report) 등으로 구별된다.

제안서는 새로운 사업이나 상품 개발 등을 추진하기 위하여 사업계획이나 신기술을 제안한다. 따라서 새로운 개념을 강조하고 성공의 가능성 및 기대효과를 제시하여야 하지만, 더욱 중요한 것은 향후 발생할 수 있는 어려움이나 장애물과 이에 대한 해결 방안까지 제시하는 것이다.

중간보고서는 진행 중인 사업의 상황을 기술하고 계획 대비 업무의 성취도를 평가하며, 사업의 진행방향을 재점검하여 수정할 수 있는 근거를 마련하도록 한다. 중간보고서를 정기적으로 기록함으로써 사업의 진행상황을 추적할 수 있다. 중간보고서에는 실제 수행된 과제 중심으로 기록되어야 하며, 동시에 이미 발생한 장애물이 기술되어 그 해결 방법을 함께 모색할 수 있는 기회를 마련할 수 있도록 하는 것이 중요하다.

마지막으로 최종보고서는 수행한 업무와 그 결과, 기대효과 등을 중심으로 기술하고, 제안서와 대비하여 당초 계획과의 차이점을 분석하는 것도 매우 중요하다.

6.3 주의사항

문장을 작성함에 있어서, 우선 보고하고자 하는 내용에 대해 간결하고 핵심적 내용을 기재하여 문장이 불필요하게 길어지지 않게 한다. 그러나 보고서를 읽는 사람이 작성자의 뜻을 충분히 파악할 수 있도록 기술해야 하며, 특정 사안에 관한 검토 결과 문제점이 있으면 이를 지적하고 대처 방안을 함께 모색할 수 있도록 건의 및 제안하여야 한다. 또한, 결론이나 사견은 지나치게 장황하게 설명하지 않도록 하여 보고서가 객관적 보고의 기능을 넘어서지 않도록 할 필요가 있으며, 경우에 따라서 애매한 부분은 사견의 기술에 있어서 선택의 여지를 남겨두도록 하여 보고를 받는 사람이 결론에 대해 좀 더 신중을 기하도록 할 필요가 있다.

일반적인 업무보고서 작성 시 주의해야 할 사항들은 다음과 같다.

① 문제점을 축소하려 하지 말고 정확히 기술하라
② 성과는 신중히 알리고, 문제점은 즉시 보고하라
③ 사실에 기반하여 기술하라
④ 수행한 업무의 결과에 대한 평가 또는 분석을 포함하라

6.4 여러 가지 업무보고서

예문 3.20~예문 3.22는 기업 및 대학에서 사용되고 있는 업무보고서의 예이다.

▶ (예문 3.20) 업무보고서 1

[서식13]

報 告 書

文書番號	SCG-기획 - P07 - 00 號	報告者	所 屬 기획실 경영기획팀
報告日字	2007년 6월 27일		職姓名 팀 장 김 광 수
題 目	고객센터 대형화 법인 및 직영화 콜센터 통합 보고		

고객센터 대형화에 따라 보다 나은 고객서비스 향상을 위하여 민원전화를 콜센터로 통합하여 관리하고자 다음과 같이 보고 드립니다.

\- 다 음 -

1. 통합목적
   1) 대형화 참여 고객센터의 차별화된 고객서비스 제공 : 전문 상담원에 의한 친절도 향상
   2) 고객센터 민원의 건별 관리 가능 : 고객센터별 평가, 분석
   3) 고객센터 관리업무 지원

2. 콜센타 통합대상

통합대상	관리전수	콜센터 운영일	비고
대형화 고객센터	388,349	2007. 8. 1부터	
직영 고객센터	353,914	2007. 7. 1부터	
합 계	742,263		

3. 콜센터 상담원 구성

구분	기존	추가	합계	비 고
상담인원	26명	24명	50명	
인 건 비	54,095,000원/월	49,000,000원/월	103,095,000원/월	

4. 콜센터 운영

구 분	운영시간	비 고
평일	08:30 ~ 20:00	
토요일	08:30 ~ 18:00	평일 인원의 약70%
공휴일	08:30 ~ 18:00	평일 인원의 약20%
운영시간 이후(야간)	고객센터 당직실	

※ 토요일, 공휴일, 이사하는날 등은 예상콜수 고려하여 예측 운영

별첨 : 콜센터 통합대상 고객센터 현황........1부

擔當	팀長		任員		社 長	會 長
/	/	/	/	/	/	/
意見 또는 回覽						

TI-0501-04(0) 서울도시가스주식회사 A4(210×297)

▶ (예문 3.21) 업무보고서 2

인 하 대 학 교　대 학 원

402-751 인천시 남구 용현동 253　대학원 행정실　TEL:(032)860-8385　FAX:(032)865-8623

경유	주임교수 (학부장, 연구소장)

제목	조 교 업 무 보 고 서

부서						
	학 과	정보공학과		학 번	22091551	
	성 명	홍 하 나		조 교	LA, TA, OA	
	담당과목			수강인원		
	근무부서	하이테크 424호	근무요일 및 시간	월요일: 2 시간	수요일: 2 시간	금요일: 2 시간
	주당근무시간	주 10 시간 이상		화요일: 2 시간	목요일: 2 시간	토요일: 1 시간

실시업무내용	실 시 업 무	비 고
	하이테크 424호 실습실 관리 1. 수업에 사용되는 프로그램 설치 Visual Studio, Matlab, Photoshop 6.0, 등.. 2. 수업시간 외 실습실 컴퓨터 관리 불필요한 파일 제거, 악성코드 제거, 바이러스 체크 3. 고장난 컴퓨터 교체 (12대 교체) 4. 일주일 단위로 실습실 청소 요청 5. 수업시간 이후 실습실 문단속 관리	

2009 년　5 월　15 일

조교　홍 하 나　서명

인하대학교 대학원장 귀하

▶ (예문 3.22) 업무보고서 3

주간( ) 보고서

결재	담당	팀장	부서장	대표이사

팀 명	성 명	마감일			부 서
		년	월	일	
해외영업팀	000	2004	5	8	마케팅본부

요 일			일	월	화	수	목	금	토	합 계
날 짜			05월 02일	05월 03일	05월 04일	05월 05일	05월 06일	05월 07일	05월 08일	
방문 장소 (도시 및 지명)				평택시	인천	안산/서울	인천/시흥			
출장비	항공료									0
	주유비					123,123				123,123
	교통비	톨게이트비								0
		주차료					55,555			55,555
		버스, 전철등								0
		철도								0
		택시								0
통신비	통신비						85,000			85,000
식대	아침 식사						1,234			1,234
	점심 식사 또는 음료대						123			123
	저녁 식사						1,234			1,234
	접대비						1,200			1,200
기타 경비 (상세 설명은 아래)			80,000							80,000
합 계			80,000	0	0	123,123	144,346	0	0	347,469

식대, 업무상 접대및 기타 경비 지출의 상세 내역 설명

날 짜	비용의 종류	피접대인의 성명 / 소속 / 접대 목적 및 기타 비용, 식대에 대한 상세 설명	금 액
5월 2일			
5월 3일			
5월 4일			
5월 5일			
5월 6일			

수금계획, 수금현황 및 발주현황	
날 짜	수금계획현안(수금처 / 수금예정액) / 수금내역 / 기타 비고사항
5월 3일	3월 발주분 주원₩3,150,000 입금
날 짜	발주현황(발주처 / 품명 / 금액)
5월 3일	
5월 4일	

현금 사용액 : [ ] 카드 사용액 : [ ] 총지출금액 : 347,469

7 과학기사

7.1 개요

과학기사는 논쟁이 여지가 있거나 큰 관심을 끌게 되는 최신 과학기술을 전문지식이 없는 일반인들을 대상으로 이해하기 쉽게 풀어 쓴 글이다. 글의 주제는 과학기술과 관련되지만 글의 형식은 신문의 논고와 같이 객관적인 사실을 기술하면서 주관적이지만 많은 독자들이 동감할 수 있는 결론을 도출한다.

과학기사가 갖추어야 할 특성 요소로는 ① 전문성, ② 구체성, ③ 객관성, ④ 용이성 등이 있다. 즉, 과학기술과 같은 전문적인 주제를 다루면서, 추상적이지 않고 구체적인 예시들을 제시하며, 객관적인 사실에 기반하여 독자가 쉽게 이해할 수 있어야 한다. 전문적인 주제를 일반인들이 쉽게 이해할 수 있도록 작성하여야 하기 때문에 과학기사 글쓰기는 다른 글쓰기들보다 어렵다.

7.2 과학기사 예문

다음의 세 개의 과학기사 예문들은 과학동아와 전자신문에서 인용한 과학기사 예문들로서, 다양한 주제의 전문적인 과학기술을 소재로 하고 있지만, 구체적인 예시와 실험결과를 활용하여 일반인들이 이해하기 쉽게 작성된 것을 볼 수 있다.

▶ (예문 3.23) 과학기사 예문 1

[과학동아 6월호] 色은 약이다

자율신경계에 영향 미쳐 난폭함 잦아들어 – 2009년 06월 01일

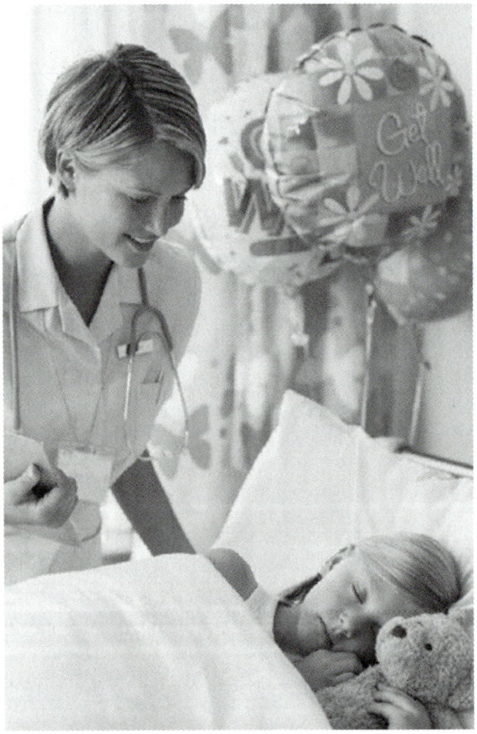

소아과 병원에 핑크색 계열의 페인트를 칠하거나 소품을 가져다 놓으면 어린이 환자의 정서에 긍정적인 영향을 미친다. 핑크색은 빨간색, 노란색과 함께 어린이의 선호도가 높은 대표적인 색이다.

여기 만 세 살부터 다섯 살까지의 어린이들이 모여 있다. 이들 앞에 빨간색 세모와 초록색 원이 그려진 큰 깃발이 세워졌다. 이들을 인솔한 선생님이 빨간색 원 그림을 내보이면서 이것과 같은 깃발 아래 모이라고 말했다.

아이들은 어디로 갈 것인가. 어른들이라면 선생님께 말할 것이다. 문제가 애매하고 당혹스럽다고. 색이 같은 것인지, 형태가 같은 것인지를 분명하게 설명해 달라고 요구할 것이다. 색을 따르자니 형태가 다르고, 형태를 따르자니 색이 다르기 때문이다.

그러나 놀랍게도 어린이들은 서슴없이 빨간색 세모로 몰려든다. 이는 어린이들이 '같다'고 생각하는 것은 형태가 아니라 색임을 보여준다. 미국의 저명한 심리학자인 데이비드 캣츠는 1980년대 초 실시한 이 실험 결과를 토대로 어린이들은 형태보다는 색을 먼저 인지한다는 사실을 밝혀냈다.

색이 사람에게 주는 영향은 의학적인 견지에서도 규명돼 있다. 핵심은 시신경에서 흡수된 색이 자율신경계에 영향을 준다는 사실이다. 자율신경계는 소화, 호흡, 땀 분비, 심장 박동처럼 의식적으로 제어할 수 없는 몸의 움직임을 관장한다. 올해 1월 영국 서섹스대 던컨 스미스 박사팀이 자국 성인 1,000명을 대상으로 실험한 결과 파란색을 본 사람은 심장박동 수와 땀 분비가 줄어든 것으로 나타났다. 몸이 편안해지는 진정 작용이 일어났다는 얘기다.

2002년 국내 한 공중파 다큐멘터리 프로그램에서 실시한 실험에서도 이와 유사한 결과가 나타났다. 여러 색에 노출된 실험자들을 대상으로 컴퓨터단층촬영(CT)을 했더니 파란색 계열에 노출된 사람은 기억력을 활성화하는 두정엽의 움직임이 활발해졌다. 이에 비해 빨간색에 노출된 실험자는 자율신경계가 흥분해 있었다. 한 마디로 가슴이 쿵쾅거리고 진땀나는 상태가 됐다는 얘기다.

이처럼 색이 사람의 몸에 영향을 준다는 점은 과학적인 견지에서 설득력을 얻고 있다. 색을 통한 간접적인 심리 치료에 관심이 쏠리는 이유다. 학교에서, 병원에서, 때로는 감옥에서까지 색은 '약'이 되고 있다.

병원만 가면 '고혈압', 흰색 가운이 원인

초록색 계열로 꾸민 공부방. 사무실처럼 일상적인 일을 하는 공간에 적합하다.

필자는 1998년 어린이들이 선호하는 색채를 파악하고자 3~9세 아동을 대상으로 직접 면접을 통해 실험을 진행한 적이 있다. 그 결과 어린이들이 좋다고 응답한 색은 빨강이 가장 많았으며 그 다음으로는 노랑, 핑크, 보라, 주황 순이었다. 주로 차가운 느낌이 들지 않는 난색(暖色)과 중성색계가 상위에 꼽혔다.

특히 대부분의 어린이가 명도 4 이상의 밝은 색을 좋아했으며, 핑크를 제외하고는 채도가 10이 넘는 순색에 가까운 색을 선호했다. 아동들이 싫다고 응답한 색은 명도, 채도가 각각 4.5 이하인 어둡고 탁한 색이었다.

이러한 결과를 보면 소아과 병원에는 빨강, 노랑, 핑크, 주황처럼 어린이가 비교적 좋아하면서도 밝은 느낌을 주는 색을 칠하는 것이 좋을 것이고 어린이들을 주 고객으로 하는 상업공간에서는 밝은 적색 또는 오렌지색을 가미해 분위기를 살리는 것이 좋다.

색은 어린이뿐 아니라 성인들에게도 영향을 끼친다. 색채 응용 분야의 뛰어난 이론가였던 파버 비렌은 색이 인간의 심리에 미치는 영향이 단순히 심리적인 차원을 넘어 인체에 생물학적으로 직접 작용한다고 말했다. 색에 민감한 정서적 반응을 하는 사람들의 예를 보자. 집에서는 혈압이 정상인데, 막상 병원에 가서 재보면 고혈압인 경우가 있다. 이런 사람들을 '백의(白衣) 고혈압 환자'라고 하는데 통계에 따르면 병원에서 고혈압으로 분류되는 환자의 약 30%가 이런 증상을 보인다고 한다.

정상 혈압인 사람이 병원에만 가면 혈압이 오르는 이유는 의사나 간호사가 자신의 혈압을 재는 행위를 보고 너무 긴장하거나 당황하기 때문이다. 주목할만한 것은 이 같은 증상의 주된 이유가 의사나 간호사 혹은 병에 대한 막연한 두려움 때문이 아니라 병원 어디서나 흔히 볼 수 있는 흰색 가운 때문이라는 사실이다.

흰색은 깨끗한 이미지는 줄 수 있지만 따뜻함이 전혀 없는 색이다. 흰색의 진료복이 환자들에게 주는 정신적인 영향을 고려해야 하는 이유가 여기에 있다. 이러한 사실을 받아들인다면 병실도 일률적으로 흰색으로 칠해야 한다는 고정 관념에서 벗어날 수 있을 것이다.

비단 병원에서만 이러한 색채 심리가 영향을 끼치는 것은 아니다. 독일의 괴팅건 와돌프 학교의 학생들은 매년 빨강, 핑크, 주황색 등 벽에 다른 색을 칠한 교실에서 공부한다. 교실뿐만 아니라 휴게실, 주방, 수공예실에도 알록달록한 색이 칠해져 있다. 그 결과 어린이들의 창의력과 집중력, 활동성이 높아졌다.

우린 일상적인 일을 수행하면서도 색에 많은 영향을 받는다. 미국 휴스턴대의 심리학자 마이클 골드스타인의 연구에 따르면 사람은 빨간 빛의 영향을 받고 있을 때에 시간의 흐름을 더디게 느낀다. 반대로 초록색이나 파란색의 빛을 받을 때는 시간이 빨리 간다고 생각한다. 그러므로 차가운 색은 사무실이나 공장 같이 일상적이거나 단조로운 일을 하는 장소에 적합하고, 따뜻한 색은 거실이나 식당, 호텔의 휴게실처럼 시간이 더디게 가는 편이 더 유쾌한 장소에 적합하다는 것이다.

난폭한 죄수, 핑크색 감방 가면 진정

또 다른 실험도 있다. 1979년 미국 캘리포니아주 버클리에 있는 한 교도소에서는 통제하기 어려운 수감자들을 위해 '핑크색 감방'을 설치했다. 수감자가 규율을 어기거나 공격적인 행동을 보이거나 또는 다른 이유로 징계가 필요할 때 적어도 30분 동안 이 감방에 수감했다. 이 방에 들어선 수감자들은 10여 분이 지나자 적대감, 공격적 행동 그리고 일반적인 폭력 성향이 약화됐다. 이 실험을 한 버클리 캘리포니아대 연구팀은 핑크색이 사람의 에너지를 서서히 약화시키는 작용을 한다고 설명했다. 핵심은 심장 박동의 급격한 상승을 억제하는 핑크색의 효과에 있다.

하지만 색이 항상 치료의 도구가 되는 것은 아니다. 모든 약에는 부작용이 있듯이 색이 사람에게 해를 끼치는 경우도 있다. 1997년 말, 일본에서 텔레비전으로 인기 애니메이션 '포켓몬'을 보던 어린이들이 동시다발적으로 발작을 일으킨 사례가 대표적이다. 파랗고 빨간 광선이 약 10초간 번갈아가며 화면에서 작렬하는 장면을 본 어린이 수백 명이 해를 입었다. 이 현상에 대해 전문가들은 격렬하게 깜빡이는 색광(色光)이 자율신경계에 영향을 주었을 것이라는 반응을 내놓았다.

먹음직스러운 음식을 만드는 데에도 재료, 양념만큼 색이 중요하다. 백열 전구의 빛은 음식을 맛있어 보이게 하며, 촛불의 따뜻한 색감 역시 요리의 식감을 높이는 일등공신이다. 식탁보도 청색

보다는 오렌지 같은 주황색 계통을 쓰는 것이 좋다. 주황색은 자율신경을 활성화하기 때문에 식사가 맛있어진다.

이처럼 색은 시간 흐름에 대한 감각을 헝클어 버리기도 하고, 으르렁거리는 맹수 같은 사람을 온순한 양처럼 만들기도 하며, 식욕을 불러일으키기도 하고, 업무효율을 높이고 질병을 치료하기도 하는 등 다양한 힘을 갖고 있다. 요즘 색에 대한 관심은 단순히 심리적인 차원을 넘어 기업의 상품 전략이나 범죄 억제 등 생활 속에서 널리 활용되고 있는 것이다.

이종희 서일대 실내디자인과 교수 · ompharos@seoil.ac.kr

출처: http://news.dongascience.com/HTML/News/2009/06/01/20090601200000019616/200906012000000196160102000000.html

▶ (예문 3.24) 과학기사 예문 2

교통지도용 로봇 나온다

2009년 06월 05일

횡단보도에 사람처럼 서서 신호에 맞춰 보행자와 차량 통행을 지도하는 '교통지도용 로봇'이 나온다.

경남 마산밸리 소재 에스엘테크(대표 이명옥 www.sltec.net)는 스쿨존를 비롯해 초·중·고교 인근 횡단보도에서 어린이와 청소년의 보행을 지도하는 '횡단보도시스템에 연동한 보행자보호용 로봇'을 개발, 이르면 올 하반기 출시할 계획이라고 4일 밝혔다.

이 로봇의 작동 원리는 로봇 내 모션 디텍터와 적외선 센서가 차량 움직임과 사람의 유무를 감지하고, 이 정보를 멀티게이트웨이에 보내면 멀티게이트웨이에서 DC모터를 이용한 깃발과 스피커부를 조종하는 방식이다. 횡단보도에서는 신호등의 빨간색 신호와 녹색 신호에 맞춰 깃대를 해당 방향(X-Y축)으로 내려서 보행자와 차량을 통제한다. 또 스쿨존에서는 20~30 m 반경 내 보행자와 차량을 감지해 동작과 소리로 차량 통행 및 보행 지도를 할 수 있다.

박점배 에스엘테크 기술연구소장은 "등·하굣길에서 볼 수 있는 녹색어머니회와 지역노인의 어린이 교통지도를 대신할 수 있고, 무엇보다 어린이에게 친근감을 주는 로봇을 교통지도에 활용한다는 점에서 어린이 교통사고를 현저히 줄일 수 있다는 연구결과도 확보하고 있다"며 "나아가 인천과 마산에 조성 중인 로봇랜드 홍보와 활성화에도 크게 기여할 수 있을 것"으로 기대했다.

마산=임동식 기자
dslim@etnews.co.kr
출처: http://www.etnews.co.kr/news/detail.html?id=200906040207

▶ (예문 3.25) 과학기사 예문 3

전기연구원, 손목시계형 헬스케어 시스템 개발

2009년 06월 04일

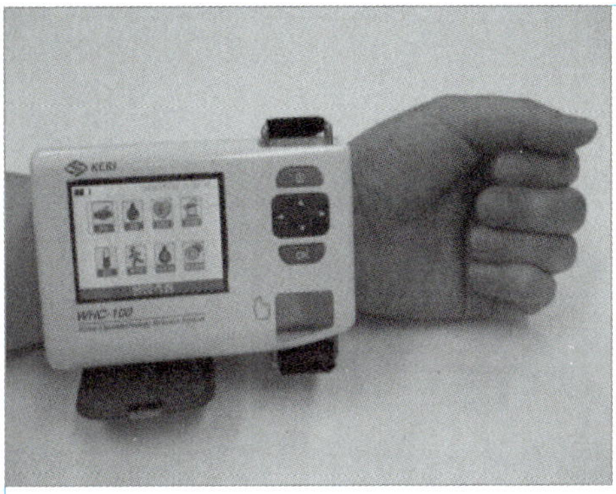

손목에 착용만 하면 다양한 건강정보를 측정할 수 있는 소형 헬스케어 장치가 개발됐다.

한국전기연구원 융합기술연구본부 김인수 책임연구원팀은 혈압 · 혈당 · 심전도 · 맥박수 · 피부온도 · 체지방 · 움직임(활동) 측정 등 7가지의 건강정보를 측정하고 이를 PC로 무선 전송해 의료진에게까지 전달할 수 있는 손목시계형 헬스케어 시스템을 개발했다고 4일 밝혔다.

이 시스템은 건강관리에 필요한 여러 가지 측정 분야를 하나의 장치로 측정할 수 있는 복합형 헬스케어 장치이다. 특히 혈압측정 기능은 절대 압력과 맥박의 펄스파형을 도식으로 표시 눈으로 상태를 직접 확인하면서 혈압 측정이 가능하며, 측정 시간의 단축과 더불어 혈압 측정시 맥박수를 동시에 측정하여 표시해 준다. 또 심전도 측정은 건성 전극을 사용해 간편하게 심전도 파형을 측정하면서 기록과 전송이 가능해 부정맥 현상 등 건강 이상을 손쉽게 파악할 수 있다.

움직임 정보 표시는 가속도 센서를 이용해 사용자의 움직임을 3축 방향으로 각각의 방향에 대한 움직임 정도를 동시에 제공하여 사용자의 상황 인지에 대한 정보를 제공한다.

한국전기연구원 관계자는 "현재 선진국에서도 손목형 다측정 기능을 가진 헬스케어 장치를 개발한 사례가 없는 것으로 알려져 있으며, 시중에는 혈압측정기와 혈당측정기만 손목시계형으로 제품화되어 있는 상황"이라고 말했다.

서동규 기자
dkseo@etnews.co.kr
출처: http://www.etnews.co.kr/news/detail.html?id=200906040037

8 제품 홍보자료

8.1 개요

새로이 개발한 제품의 마케팅에 앞서 제품을 효과적으로 알릴 수 있는 홍보자료의 역할은 대단히 크다고 할 수 있다. 옛말에 "보기 좋은 떡이 맛도 좋다"는 말이 있는가 하면, "이왕이면 다홍치마"라는 말도 있다. 비슷한 제품을 어떻게 치장하고 홍보하느냐에 따라서 제품의 매출이 크게 달라지는 경우를 흔히 볼 수 있다.

새로운 제품을 알리기 위한 홍보방법은 다양하다. 방송매체를 이용하는 방법, 교통매체, 인쇄매체, 전단지와 같은 인쇄물도 좋은 홍보방법이 된다. 방송매체를 제외한 나머지 방법들은 형태는 다르지만 인쇄물의 형태로 제공된다는 공통점이 있다. 장황하게 늘어놓는 인쇄물이 아닌 한 페이지의 신문에, 한 페이지의 전단지에 얼마나 효과적으로 제품에 대한 정보를 전달하여 사용자의 관심을 끌 수 있는지가 홍보자료를 얼마나 잘 작성하였느냐를 결정하는 척도가 될 수 있다. 실제로 사용자들은 간결하지만 임팩트가 있는 홍보자료에 더 끌리게 마련이다.

8.2 홍보자료 목적

제품의 홍보자료의 목적은 구매 대상자들로 하여금 제품의 특성과 특징을 신속하고 정확하게 이해시켜서 짧은 시간 내에 구매를 결정하도록 하는 것이다. 따라서, 제품 홍보자료는 무엇보다 그 제품만의 특징이 잘 나타나 있도록 하는 것이 가장 중요하다. 제품의 모든 특징을 설명하기 보다는 중요한 특징을 몇 가지 뽑아 그것을 위주로 설명하는 것이 좋다. 특히, 비슷한 기능의 경쟁 제품이 있는 경우 그 경쟁 제품과의 차별성을 극대화 시킬 필요가 있겠다.

그림 3.3은 제품의 사진과 함께 제품의 몇 가지 특징을 강조하여 홍보자료를 만든 좋은 예시라고 할 수 있다. 그림 3.4도 그림 3.3보다는 문장이 길지만 자사 제품의 특징을 몇 가지로 간추려 설명하는 좋은 예시라 할 수 있다.

그림 3.3 • LG전자 Cooky폰의 홍보자료

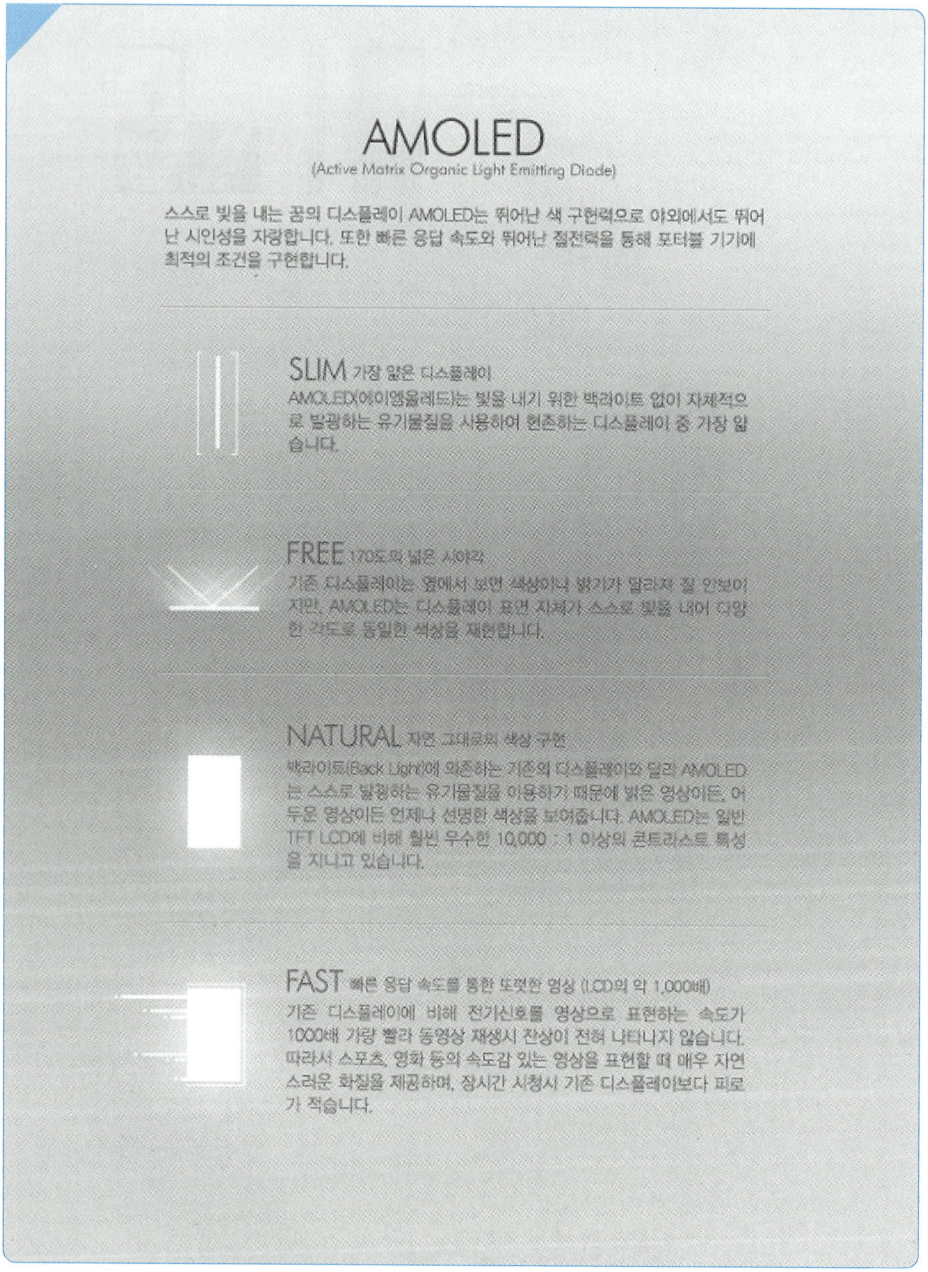

그림 3.4 • COWON MP3의 제품 홍보자료

꿈의 디스플레이
1600만 컬러로 빛나는 AMOLED
COWON S9은 1600만 컬러, 3.3인치 AMOLED 디스플레이로 구현되어 직접 느껴보지 않고는 실감할 수 없을 정도로 완벽한 색감과 화질을 자랑합니다. 각종 동영상뿐만 아니라 사진, 플래시 게임 등 눈으로 감상하는 모든 콘텐츠가 표현될 수 있는 가장 사실적이고 선명한 색감 그대로 여러분의 눈으로 생생하게 전달됩니다.
iAMOLED

그림 3.4 • (계속)

9 제품 매뉴얼

9.1 개요

제품 매뉴얼은 사용자가 제품의 사용법을 신속하고 정확하게 숙지할 수 있도록 도와주어야 한다. 제품 매뉴얼의 종류는 크게 사용자 매뉴얼(User manual)과 테크니컬 매뉴얼(Technical manual)로 나눌 수 있다. 사용자 매뉴얼은 제품을 쉽게 다룰 수 있도록 기기의 동작에 필요한 정보를 제공하는 사용설명서라고 볼 수 있는 반면, 테크니컬 매뉴얼은 그림 3.5에서 보는 바와 같이 제품의 설치나 수리에 대한 설명이 제공되는 서비스 매뉴얼 또는 운용 매뉴얼이라고 볼 수 있다. 어떠한 종류의 제품 매뉴얼이든지 정확한 제품 매뉴얼을 작성하기 위해서는 제품의 기능을 정확히 파악하고 있는 공학자와의 협업이 필수적이라 하겠다.

9.2 제품 매뉴얼의 구성요소

제품 매뉴얼의 가장 첫 페이지에 위치하는 목차는 사용자가 필요로 하는 정보를 검색이 편리하도록 제공하는 것을 핵심 기능으로 한다. 즉 사용자는 목차만으로도 제품 매뉴얼의 전체적인 구성과 흐름을 한눈에 파악할 수 있어야 하고 원하는 정보를 효과적으로 찾을 수 있어야 한다. 요즘의 정보통신 제품들을 보면 그 기능들이 너무 다양하여 사용 설명서가 수십 페이지에 이르는 경우도 있다. 현대인들은 그러한 분량이 많은 상세설명서보다는 그림 3.6과 같이 간편하게 제품의 사용법을 파악할 수 있는 요약설명서(Quick manual)를 선호한다.

일반적으로 제품 매뉴얼이 갖추어야 할 가장 중요한 요소들은 다음과 같다.

① 정확성: 제품의 기능과 특징을 틀림없이 정확하게 기술하여야 함

② 가독성: 그림이나 기호, 텍스트, 숫자들을 이용하여 쉽게 이해할 수 있어야 함

그리고 제품 매뉴얼이 제공해야 할 구성요소들은 다음과 같다.

① 용어 및 기호의 설명: 매뉴얼에 쓰인 용어 및 기호를 사용자가 인지할 수 있어야 함

② 제품의 구성 및 주요 기능 설명: 제품의 동작에 필요한 각종 구성요소들의 명칭과 위치, 간략한 기능들을 설명함

③ 사용자가 지켜야 할 주의사항: 사용자가 제품을 안전하게 사용할 수 있도록 주의사항을 안내함

9.3 주의사항

제품 사용에 대한 자세한 설명을 할 때에는 기능의 해설보다는 조작 순서에 초점을 맞추어야 하고, 제품 매뉴얼 작성자 본인이 제품의 특성 및 기능을 충분히 숙지하여야 사용자에게 효과적으로 사용법을 전달할 수 있다. 그림 3.6은 휴대폰의 기능을 설명하는 예이다. 그림의 경우, 제품의 구성요소뿐만 아니라 버튼 별로 기호가 의미하는 바를 정확하게 명시하고 버튼을 어떻게 눌러야 하는지에 대한 조작법이 간단명료하게 설명되어 있다. 이렇게 작은 그림 하나로도 효과적으로 사용법을 전달할 수 있는 것이 좋은 제품 매뉴얼이라고 할 수 있다.

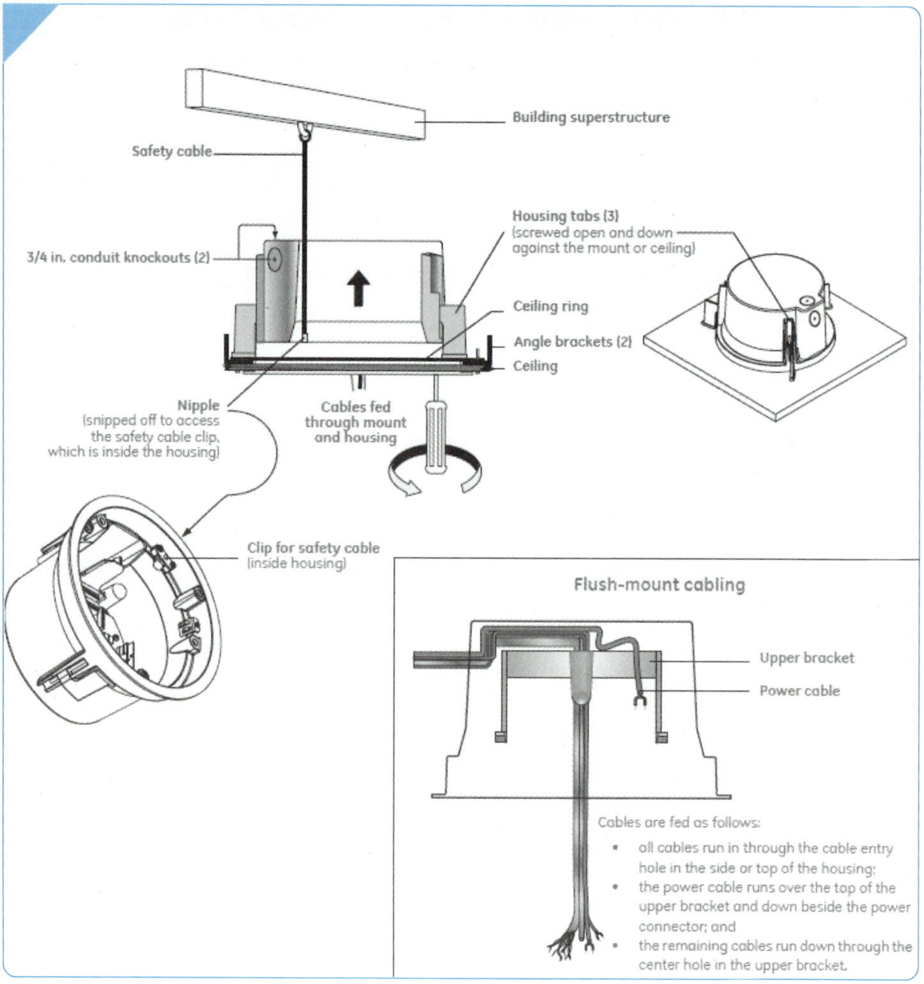

그림 3.5 • 테크니컬 매뉴얼의 예

기능버튼 설명

- 전면 카메라 렌즈
- 스피커
- 싸이언 위젯 상태표시(15쪽 참조)
  - : 다이얼 화면(짧게 누름), 매너모드 설정/해제(길게 누름)
  - : 전화번호부 검색 화면(짧게 누름), 단축번호 관리(길게 누름)
  - : SHOW Internet 메뉴
  - : 메시지 메뉴(짧게 누름), 메시지 작성으로 바로 진입(길게 누름)
  - : 메뉴
- 통화 버튼
  전화 걸기/받기
  통화목록 확인
- 지움/이전 버튼
  표시된 문자나 숫자를 지울 때,
  이전 화면으로 이동할 때 (짧게 누름)
- 종료 버튼
  전원을 켜고 끌 때, 통화를 끝낼 때,
  대기화면으로 돌아올 때, 수신보류할 때

10

멀티미디어

TV를 이용하기 전에

방송 시청 중 버튼 동작

❶ 라디오방송, 메시지, 전화걸기, 화면조정, 자동종료설정, 버튼도움말 선택
❷ 선호채널 등록
❸ 화면 캡처(로 캡쳐 가능)
❹ 내장안테나/외장안테나 선택(이어마이크를 장착 시 나타나는 아이콘) 이어마이크가 외장안테나 역할을 합니다.
❺ 볼륨조절(로 조절가능)
❻ 이전화면 ❼ 채널 이동
❽ TV, 라디오, 선호 채널 목록

- 방송 시청중 전화 수신/발신 및 메시지 수신/발신이 가능합니다.
- 방송서비스 기능을 처음 이용할 경우 '채널검색/목록'(91쪽)에서 시청 가능한 채널을 검색한 후 사용하세요.
- 공공 장소에서는 휴대전화에 스테레오 이어마이크를 연결하여 사용하세요.
- 매너모드 상태인 경우 방송 실행 시 '매너모드입니다. 소리를 재생할까요?'라는 화면이 보여집니다. '예/아니요'를 선택하세요.
- 방송 시청 중 전화가 걸려온 경우 통화하려면 를 누르세요.
- 스테레오헤드셋이 연결되어 있는 경우 스테레오헤드셋의 통화/종료 버튼을 눌러 통화하세요.
- TV시청 중 이어마이크를 연결하면 내장안테나( )와 이어마이크( )를 선택하여 사용할 수 있습니다.
- DMB 전체화면 보기는 지원하지 않습니다.

88

그림 3.6 • 상용 핸드폰 제품의 요약 매뉴얼 예

CHAPTER 04

회의진행법

목표가 확실한 사람은 아무리 거친 길에서도 앞으로 나아갈 수 있다.
목표가 없는 사람은 아무리 좋은 길이라도 앞으로 나갈 수 없다.

–Thomas Carlyle

1 서론

대부분의 사람들은 초등학교부터 대학교를 다니면서 무수히 많은 종류와 다양한 형태의 회의를 접하였을 것이다. 따라서 많은 사람들이 회의를 제안했을 때 왜, 어떤 목적하에, 어떤 형태로 이루어지는 것이 가장 효율적인가라는 의문을 가지기 전에 그저 따라하는 경우가 많은 것도 사실이다. 이 장에서는 회의에 어떤 이점이 있고 회의의 목적에 따른 진행방법 등을 중심으로 제시하고자 한다. 더불어 불필요한 회의를 제시함으로써 회의로 인한 여러가지 기회비용을 줄일 수 있는 팁을 제공하고, 반드시 회의가 필요하다고 해서 해야 한다면 회의를 효과적으로 이끌 수 있는 다양한 기법들에 대한 소개를 함께 하고자 한다.

2 회의란 무엇인가?

2.1 회의의 효용성

회의란 어떤 문제를 해결하기 위해 복수의 사람들이 모여서 다양한 의견이나 정보를 적극적으로 교환하여 공통의 이해로 의견 일치를 찾아서 행동하도록 하는 것을 말한다.

사람은 저마다 다른 의식과 경험 그리고 생각하는 방식이 다르기 때문에, 같은 환경에서 같은 문제에 부딪치더라도 문제인식이나 문제해결 방법이 각기 다를 수 있다. 따라서 어떤 문제가 발생했을 경우 문제의 해결을 위해 많은 사람들이 방법과 정보를 모아서 해결점을 찾고 이의 타당성을 살펴보는 것이 합리적이다.

회의를 함으로써 정보의 전달과 상호교환이 효과적으로 이루어질 수 있고 정보에 대한 효용 가치 분석이 용이해진다. 또한 회의 참가자들은 나의 의견이 실제 업무에 반영된다는 '참가 의식'이 고취됨으로써 보다 더 적극적인 자세를 갖게 해 주는 효과를 지닐 뿐만 아니라, 복수의 사람들이 모여서 하는 활동인 만큼 여러 사람의 접촉으로 인해 넓은 인간관계를 가짐으로써 사람들과의 관계를 원활히 할 수 있는 이점도 있다.

2.2 필요한 회의와 불필요한 회의

'회의가 많은 조직은 망한다' 라는 말이 있듯이 반드시 필요하면서도 병폐가 많은 것이 회의이다. 즉 많은 조직에서 회의가 비효율적으로 수행되는 경우가 매우 많다는 반증이기도 하다. 회의를 성공적으로 하기 위해서 가장 먼저 점검해야 할 사항 중의 하나가 '회의는 정말 필요한가' 라는 질문에 명확히 '예' 라고 할 수 있어야 한다는 것이다. 다음 사항들에 해당한다면 필요한 회의라고 일단 규정하고 회의를 개최하는 데 문제가 없을 것이다.

- 서로 충돌하는 견해를 조정하기 위하여
- 사안에 대한 집단의 의사결정을 하기 위하여
- 문제점을 해결하기 위하여
- 중요하거나 민감한 정보를 전달하기 위하여
- 아이디어나 계획안에 대한 지지를 얻기 위하여, 또는 어떤 목적에 대한 여론을 수렴하기 위하여
- 새로운 아이디어나 개념을 개발하기 위하여
- 경과에 대하여 보고하기 위하여
- 제품이나 시스템을 홍보하기 위하여
- 신제품의 시판 후 소비자의 의견을 종합하기 위하여

한편 어떤 경우가 불필요한 회의인지 살펴보면 다음과 같다. 즉 다음에서 제시하는 항목에 해당된다면 그 회의를 '열 것인가, 열지 말아야 할 것인가'를 신중히 검토해 봐야 한다.

- 분명한 목적이 없다
- 사안에 대한 집단의 의사결정이 필요하지 않다
- 회의의 개최로 얻을 수 있는 방안보다 더 나은 대안을 얻을 수 있다
- 단지 정기적으로 예정된 회의이다
- 주요한 참가자들이 참석할 수 없다
- 비용이 잠재적 이익보다 더 클 수 있다
- 회의를 열지 않는 것이 부정적인 결과를 일으키지 않을 것이다

회의 효율화를 위해서는 중요한 회의와 그렇지 않은 회의를 구분하여, 회의 자체를 줄이도록 노력하는 것이 중요하다. 그럼에도 불구하고 회의가 꼭 필요한 경우에는 준비와 진행을 철저히 하여 효율화를 기해야 한다. 그 한 예로 최근 한 대기업에서는 회의 효율성을 높이기 위해 '111 캠페인'을 실시했다고 한다. '111 캠페인'은 회의 자료는 최소한 1시간 전까지 공유하고 회의시간은 1시간 이내로 하며, 회의결과는 1시간 이내로 공유하는 것을 원칙으로 하는 것이다.

3 회의의 기본 규칙

회의는 자신의 의견을 피력해야 할 뿐만 아니라 상대방의 의견에 대해 반박해야 하는 경우도 생기므로 서로 존중해야 하며 그에 따른 규칙도 있다. 회의의 성격에 따라 적용되는 규칙이 다를 수 있지만 이 장에서는 일반적으로 참가자들이 준수해야 하는 규칙만을 제시하도록 한다[1].

첫째, 시간 엄수이다. 회의 시작 시간에 대한 엄수뿐만 아니라 종료 시간 엄수까지를 포함하는 의미이다.

둘째, 진행자의 존중이다. 진행자는 회의를 진행시킬 뿐 아니라 의제에서 이탈하는 의견에 대해서는 회의를 효율적으로 진행하기 위해 저지하기도 한다. 이때 자신이 제기한 의견이 저지당했다고 해서 진행자의 감정을 상하게 하는 언어를 사용해서는 안 된다. 논의하려는 회의 안건을 정해진 시간 내에 마치려면, 참석자들 모두 진행자인 의장의 의견을 존중해야 한다.

셋째, 자신의 의견을 너무 고집하지 않는다. 회의는 여러 사람이 각자의 의견을 제시하는 장소이다. 따라서 자신과 다르거나 반대의 의견이 있을 수 있는데, 이에 대해 자신의 의견을 너무 고집한다면 다른 의견을 다양하게 수렴할 수 있는 기회를 잃게 된다.

넷째, 합의된 의견(결론)을 존중한다. 회의 목적 중 하나는 결론을 도출하는 데 있다. 따라서 그 결론이 자신의 의견과 차이가 있다 하더라도 참석자들의 합의된 의견을 존중해야 한다.

이상과 같이 모든 회의 참가자들이 회의의 규칙을 엄수하는 것도 중요하지만 회의 진행자의 역할은 회의를 성공적으로 이끄느냐, 그렇지 못하느냐의 중대한 문제에 영향을 미친다. 따라서 진행자는 참석자의 심리적인 면까지 파악하면서 그들의 결정이 '최고의 결론'에 이르도록 최선의 노력을 해야 한다. 회의 진행자의 역할을 좀 더 자세히 살펴보면 다음과 같다.

첫째, 시간 배분을 효과적으로 해야 한다. 회의는 대개 시간이 미리 정해져 있기 때문에 그 시간 내에 의견의 제시에서 규합, 정리, 결론 도출까지 여러 단계의 시간 배정과 그 배정된 시간 내에 효과적인 토의를 하도록 시간 배정과 함께 의사진행을 잘 해 나가야 한다. 이와 같은 시간 배분은 매우 중요한데, 만약에 진행자가 토론에 너무 많은 시간 배정을 했다면 아무리 좋은 안이 많이 나왔다고 하더라도 결론을 이끌 시간이 충분하지 않아 좋은 의견들이 효율적으로 이용되지 못하는 결과를 초래할 수 있기 때문이다.

둘째, 사전에 조사할 사항은 미리 조사해야 한다. 의제에 대한 많은 자료와 충분한 검토를 해 두고 참석자의 전문성이나 의식에 따른 분석을 한다.

셋째, 참석자들로 하여금 진행의 규칙을 지키게 한다. 논의가 활발해지면 참석자들이 회의 진행의 규칙을 어기는 경우가 생긴다. 한 사람의 발언이 지나치게 길어지는 경우, 의견의 대립으로 인한 인신 공격, 논의할 의제에서 이탈한 발언을 하는 경우 등이 발생할 때 진행자는 참석자들에게 회의 진행의 규칙을 지키도록 요구해야 한다.

넷째, 회의 중 갈등을 막는다. 반대 견해를 가진 사람들끼리 만났을 때 어느 정도의 갈등은 피할 수 없다. 그러나 회의 중에 생기는 갈등이 반드시 나쁜 것만은 아니다. 따라서 이를 억제하려고만 한다면 그것은 진행자의 잘못이다. 어느 정도의 갈등은 생산성을 증대시킬 수 있으나, 심한 갈등 현상은 회의의 진행을 어렵게 하고 참석자를 혼란스럽게 만든다. 따라서 진행자는 이를 완급 조절 · 해소시킬 수 있는 능력이 있어야 한다.

다섯째, 의제는 논리적인 순서에 의해 하나씩 차례로 취급한다. 여러 의제를 동시에 논의할 수는 없다. 따라서 한 번의 회의에서 여러 의제를 다룰 경우 하나의 의제가 완전히 논의되기 전에 다음 의제로 넘어가서는 안 된다. 또 논의할 의제의 순서가 바뀌어서도 안 된다. 예를 들면 '프로젝트의 해결방법' 을 논의하기 전에 '프로젝트의 범위' 부터 해야 할 것이다.

여섯째, 침묵하는 사람을 회의에 합류시킨다. 참석자 중에 말없이 앉아 있는 사람이 있다. 이런 사람 중에는 의외로 많은 아이디어를 간직하고 있으면서 발표하기를 꺼리는 사람이 포함되어 있다. 때문에 진행자는 이런 사람들을 찾아서 논의에 함께 참여하도록 유도하는 것이 중요하다. 그런 사람에게 적당한 질문을 던지는 것이 회의에 합류시키는 한 방법이 될 수 있다.

일곱째, 참가자에게 적극적인 질문을 던져 회의를 촉진시킨다. 회의가 열띤 공방을 지나 소강 상태로 접어들었거나 활기를 찾지 못할 경우, 진행자는 회의 참석자에게 적극적인 질문들을 던진다. 당신은 "이 접근법의 약점이 무엇이라고 보십니까" 등이 그것이다.

이상과 같은 회의 진행자의 역할을 보다 더 잘 수행하기 위해서는 회의 중에 발생할 수 있는 여러 상황에 대해 진행자가 재빠르고 재치있게 대응할 수 있어야 할 것이다. 즉 상황별로 회의진행자가 대응할 수 있는 방안을 제시하면 다음과 같다[2].

상황	대응기술
1. 떠벌이형 토의 초반부터 발언권을 독차지할 뿐만 아니라 몇 번씩 같은 이야기를 반복하고 있다.	● 우선, 무시하거나 감정적인 태도를 보이지 않는다. ● 몇 번씩 같은 이야기를 반복하고 있다는 것은 자신의 의견을 이해해 달라는 것이므로 분명히 알아들었다는 의미에서 복창하거나 화이트보드 또는 플립차트에 내용의 요점을 적으면서 확인한다. ● 가능하면 다른 참가자가 그 사람을 컨트롤하도록 하는 것이 좋다. ● 그래도 같은 내용의 이야기를 반복하거나 발언권을 독차지하려 한다면 플립차트나 회의록을 작성하는 역할을 부여한다.
2. 터미네이터형 다른 팀원의 의견에 대해서 수시로 비판적이고 공격적인 태도를 보이고 있다.	● 본인은 자신의 의견이 받아들여지지 않는다고 느끼고 있고, 반대를 위한 반대를 하여 자기 과시를 하고 싶어하기 때문일 수 있다. ● '반대만 하지 말고 대안을 제시하라'는 식으로 감정적으로 그 사람과 논쟁하지 말고 침착하게 행동한다. ● 어느 정도의 발언은 끝까지 할 수 있도록 들어주되, 회의 주제를 크게 벗어나지 않도록 하고 팀 내에서 적당한 선에서 저지를 시켜줘야 한다. ● 자연스럽게 발언권을 다른 사람에게 넘겨서 진행한다. ● 휴식시간에 개인적으로 만나 무엇이 문제(불만)인지 이야기 해 본다.
3. 동네 아줌마형 계속해서 다른 참가자의 발언에 대해서 참견하고 간섭하는 듯한 경향을 보이고 있다.	● 본인이 전문가로 생각하고 있으므로 가지고 있는 지식을 '토의 주제'에 맞게 적극 활용하도록 한다. ● 도움에 대해 감사를 표시하고 다른 참가자들도 참여시킬 것을 제안한다. ● 질문을 다른 참가자에게 던짐으로써 그 사람의 행동을 통제할 수 있다. ● 그래도 계속해서 같은 행동을 한다면 플립차트나 회의록을 작성하는 역할을 부여한다.

(계속)

상황	대응기술
4. 무관심형 오늘따라 행동이나 주의가 산만하고 소극적으로 참여하고 있다.	● 회의 자체에 무관심한 사람인 경우 회의 전에 관심을 이끌 수 있도록 유도한다. ● 회의 중에는 이미 거론된 사안에 대해서 짧게 확인 질문을 하여 참여를 유도한다. ● 기회가 되었을 때 행동이나 발언에 대해 감사를 표시하고 문제가 있는 부분만을 지적한 뒤 진행한다. ● 그 사람 옆에 있는 참가자에게 질문을 해서 발언하도록 한 다음 소극적인 사람에게로 넘어간다. ● 그 사람이 말할 때면 진지하게 칭찬한다.
5. 의리의 사나이형 업무 이해관계로 인해 회의 참가자간에 의견 충돌이 발생했다.	● 차이가 있는 부분을 적어 보도록 한 후 그 차이를 최소화시키도록 한다. ● 토론에 제3자를 끌어들인다. ● 시간을 많이 끌 경우 차후에 별도의 시간을 준다고 하고 중단시킨다. ● 냉각 기간을 두기 위해 일시 휴식을 취해 기분을 전환시키는 것이 좋다.
6. 갈팡질팡형 주제에 벗어난 발언을 하거나 엉뚱한 얘기를 계속하고 있다.	● 참가자가 자존심을 상하지 않게 하면서 주제에 벗어나 있다는 것을 상기시킨다. ● 플립차트 등의 시각자료를 활용하여 토의 주제나 지금까지의 프로세스 내용 요점을 다시 확인한다. ● 주제의 초점을 벗어나는 경우에는 발언 내용을 요약해서 토의 주제와 어떤 관련이 있는지 확인한다. ● "당신의 질문(말)이 우리가 토론할 주제와 어떻게 관계됩니까?" 또는 "그것은 좋은 질문(말씀)입니다만 주제와는 약간의 차이가 있군요. 회의가 끝난 뒤 그것에 대해 토의하고 싶은데 괜찮겠습니까?"
7. 잿밥 관심형 참가자 두 사람이 서로 주제와 상관없는 이야기로 잡담을 하고 있다.	● 두 사람 옆에 있는 참가자에게 쉬운 질문을 해서 대답하도록 해서 두 사람이 긴장하게 한다. 이때 얘기하는 사람들에게 직접 질문을 하면 당황하게 해서 토의에 역효과를 줄 수 있다. ● 잡담하고 있는 사람들의 뒤로 자연스럽게 걸어가면서 발언을 한다. ● 또는 참가자들에게 특별한 주의를 요구하지 말고 잠시 쉰다. 이 침묵이 그들의 잡담을 멈추게 한다. ● 재미있는 이야기를 둘만 하지 말고 나와서 다른 참가자들에게도 공유하자고 제안한다. ● 장시간 회의일 경우 지루해서 나오는 현상일 수 있으므로 잠시 휴식을 취하거나 커피 타임으로 중단한다. ● 필요시 회의 진행자가 확실하게 전 참가자에게 주의를 주어 회의 규칙을 지킬 것을 환기시킨다.

(계속)

상황	대응기술
8. **적장형** 회의 진행자에게 수시로 의견을 물어본다.	• 진의를 파악한 다음 판단한다(정말 몰라서 질문하는 것인지, 진행자에게 불만이 있어서 확인하려는 것인지). 전자의 경우에는 아는 대로 대답을 하면 되지만 후자 경우에는 조심을 해야 한다. • 직접 문제를 해결하려고 하거나, 대답을 해야 하는 부담감을 갖지 않는다. • 다른 참가자가 질문에 대답하도록 하거나(릴레이 질문) 질문자에게 정중하게 역으로 질문해서 대답하도록 한다(반사질문; 본인이 자신이 있는 내용을 질문하는 경우가 많다).

출처: 류한수(2006). GE Work-Out을 활용한 회의 잘하는 법. pp.158-160.

4 문제해결을 위한 회의 진행법

회의는 참가자들의 규모, 사안, 회의 진행방법 및 회의 목적에 따라 다양한 회의 종류가 존재한다.

이 장에서는 엔지니어들이 가장 빈번하게 접하게 되는 아이디어 개발 회의, 문제해결을 위한 회의, 정보수집 및 공유형 회의의 특징들을 알아보고 이 중 문제해결을 위한 회의진행법을 중심으로 소개하고자 한다.

4.1 회의 목적에 따른 특징

회의는 그 목적에 따라 크게 정보수집 및 전달 공유형 회의, 문제해결형 회의, 아이디어 개발형 회의 등으로 구분할 수 있다. 각 회의의 목적에 따른 회의의 장점, 단점, 진행자의 역할 및 실제상황을 비교하여 제시하면 다음과 같다[1].

구분	정보수집 및 전달 공유형 회의	문제해결형 회의	아이디어 개발형 회의
목적	• 윗사람이 아랫사람에게 자신의 생각이나 어떤 정보를 전달하고 그에 대한 의견이나 생각을 듣고자 할 경우 • 결정된 내용, 정책, 사실의 전달 • 정보 공유를 위한 회의	• 조직에서 어떤 문제가 발생했을 때 • 경영전략을 수립할 때 • 업무 프로세스를 개선하고자 할 때 • 과제 해결회의(발생형, 탐색형)	• 신상품 또는 서비스를 개발할 때 • 마케팅 전략 수립할 때 • 구성원의 아이디어가 필요할 때 • 아이디어 회의(설정형)
장점	• 신속하게 한번에 많은 사람들과 정보를 공유할 수 있다. • 같은 장소에서 얼굴을 맞대고 논의할 수 있다.	• 관련 전문가들이 한 곳에 모여 아이디어를 도출하여 해결안을 낼 수 있다.	• 획기적이고 참신한 아이디어가 도출될 수 있다. • 참석자 모두 지위고하를 막론하고 대등한 입장에서 참여한다.
단점	• 일방적인 전달이 되기 쉽다. • 참가자들의 관심이 적다.	• 시간관리가 어렵다. • 부서, 개인간 이해관계가 생길 수 있다. • 획기적인 결론을 내야 한다는 부담감을 갖는다.	• 시간이 많이 필요하다. • 문제의식이 없는 사람이 참석하면 회의 분위기를 망칠 수 있다.
진행자의 역할	• 진행자의 역할이 미비하다. • 회의 아젠다 인내를 하는 사회자 정도의 역할을 수행하게 된다.	• 현상분석, 문제확인, 원인분석, 해결안 도출 등 문제해결 프로세스에 따라 진행한다. • 프로세스 각 단계별로 필요한 툴(tool)을 적절하게 활용해야 한다. • 참가자들이 사안에 적극적으로 아이디어를 제시하도록 동기부여한다.	• 자유스럽게 아이디어가 나오도록 분위기를 연출한다. • 다양한 아이디어 발상 기법을 활용한다. • 필요시 회의장 환경도 조정한다. • 관련된 자료, 샘플 등도 전시한다. • 시뮬레이션을 위한 필요 기자재를 준비한다.
예시	• 상반기 매출 실적 공유 회의 • 경영회의 follow-up 회의 • 경영자 지시사항 공유 회의	• 문제해결 회의 • 6-sigma 회의 • 분임조 회의	• 2009년 봄 상품 기획 회의 • 신시장 개척 회의 등

(계속)

구분	정보수집 및 전달 공유형 회의	문제해결형 회의	아이디어 개발형 회의
특이사항	● 이런 유형의 회의는 회의 소집 전에 회의 소집해서 해야 할 사안인지, 전자메일/게시판으로 공유할 것인지 사전에 면밀히 검토해야 회의 횟수를 줄일 수 있다.	● 참석자는 '과제'를 해결할 수 있는 전문가그룹으로 형성이 되어야 한다. ● 반드시 결론이 있어야 한다. 실행 결과에 대한 평가와 follow-up 계획까지 세워야 한다.	● 참석자는 과제의 책임자, 과제에 대해 문제의식을 가지고 있는 사람으로 구성한다. ● 향후 이런 형태의 회의가 늘어날 것이다.

출처: 류한수(2006) GE Work-Out을 활용한 회의 잘하는 법. pp.27-28.

4.2 문제해결을 위한 회의

우리는 매일의 일상에서 항상 해결해야 할 문제에 접하게 된다. 문제는 그 자체로 문제가 되어 현재의 상황을 어렵게 할 수도 있는 것이지만, 발전적인 방향으로 향하기 위한 시발점일 수도 있는 것이다. 우리는 이런 양면성을 가진 문제를 해결하기 위해 노력해야 하는데, 많은 경우 회의를 통해 다양한 사람들의 의견을 수렴해서 가장 최선의 해결책을 찾는 기회를 갖는다.

문제 해결을 위한 회의는 다른 어떤 회의보다도 참석자들의 적극적인 참여가 이루어져야 한다. 문제의 사안에 따라 참석자간 이해관계가 걸려 있을 수도 있고 보는 관점에 따라 최선의 해결책이 최악의 해결책이 될 수도 있기 때문에 회의 중에 갈등과 대립이 발생할 수도 있다. 따라서 어떤 다른 종류의 회의보다 의장의 역할이 중요하다.

문제 해결을 위한 회의는 문제의 발견, 문제의 해결 방안에 대한 검증의 순서로 이루어진다. 각 단계별로 세부 과정을 살펴보면 다음과 같다.

1) 문제의 발견

❶ 문제 인식

많은 경우 문제가 있음에도 불구하고 이를 진정 문제로 인식하지 못하여 문제 해결의 실마리도 찾지 못하고 불편한 상태에서 손해를 감수하는 경우가 상당히 많다. 다음과 같은 경우, 보통 문제로 판단해도 큰 무리가 없을 것이다. 즉 진정한 문제를 파악하지 못하여 곤란감을 의식할 때, 곤혹감을 느껴 불안함을 느낄 때, 지금까지의 지식이나 경험이 통하지 않거나 모순이 생겨 결핍감을 느낄 때, 그리고 문제를 단순히 해결되지 않는 문제로 느낄 때 문제가 발생했다고 판단해도 좋다.

❷ 상황의 파악과 분석

문제의 정확한 모습을 파악하기 위해 '지금 무엇이 발생하고 있는가?', '이 발생의 이유는 무엇인가?' 의 물음에 답하기 위한 과정이 필요하다.

❸ 문제의 검토

의장이나 회의 준비자는 문제를 발견하는 데 필요한 자료를 준비하여 참가자들이 이를 검토하도록 할 수 있다. 이때 참가자들은 10분 정도의 시간으로 문제 파악을 위한 검토를 하는데 이때 메모를 하거나 몇 가지 문제점들을 적을 수도 있다. 또한 자신들이 준비해 온 자료가 있으면 이와 대조 · 비교하면서 검토한다.

문제 발견을 위한 구체적인 검토를 위해서는 다음과 같은 사고의 순서가 도움이 될 수 있다.

첫째, 문제 발견을 위한 구체적인 검토를 함에 있어 시간적 순서에 의해 상황의 발생을 파악해 보는 것이다.

둘째, 내부 중심축에서부터 찾을 것인가 외부에서부터 안으로 찾아들어갈 것인가의 공간적 순서에 의해 상황을 파악해 보는 것이다.

셋째, 문제 발생의 원인에서 결과를 찾아 나가는 논리적 인과의 순서로 상황을 파악해 보는 것이다. 어떤 결과에는 반드시 그 원인이 있다는 가정 하에서 파악하는 방법이다.

❹ 문제의 선정

문제 파악 단계에서 나온 견해들을 선정하는데, 이때 가급적 간략한 표현으로 하되 이때 보충자료나 이유를 덧붙이면 좋다. 또한 문제 파악을 위한 진단은 전체 문제의 해결이 포함되는 범위에서 제시되어야 하고 성급한 결론은 유보되어야 한다.

2) 문제의 해결

무엇이 문제인지 그 실상을 파악했으면 문제점을 중심으로 해결 방안을 모색해야 한다.

❶ 문제 발생의 이유나 배경

사실 파악에서 이용되었던 자료나 이와 유사한 다른 문제들을 해결했던 선례 등을 검토하면서 근본 원인을 찾기 위한 사실적 자료를 모은다. 그 후 해당 자료들을 제품의 재료, 조립 또는 구성, 사람들 간의 심리적 요인 및 환경적 요인 등으로 나눈다.

❷ 문제의 규명

이 단계에서 무엇이 진짜 문제인지를 확실하게 결정하는 것이다. 이를 위해서는 참가자의 경험, 사태에 대한 통찰, 여러 가지 제안에 대한 검토 및 올바른 것과 틀린 것과의 혼재 상태 검토 등을 통한 가설이 필요하다.

❸ 해결 방안

해결해야 할 문제를 결정하고 해결해야 할 문제의 우선순위를 정해야 한다. 예를 들면 당장 취해야 할 조치는 무엇이며 최종적으로 취할 조치는 무엇인가 하는 것을 검토하여 문제 해결의 순서를 정한다. 이와 같이 문제의 우선순위가 결정되고 나면, 가능한 방안을 나열하고 이들 방안의 장단점을 분석하여 최선의 방안을 선택하여야 한다. 이 단계에서는 많은 의견을 내고 토론을 벌인 뒤에 하나하나 결정해 나가는 것이 중요한데, 이때 전체 문제를 포함하는 해결에서 각 부분의 문제 해결로 방향을 잡아 나가야 한다.

3) 문제 해결 방안에 대한 검증

문제 해결 방법이 몇 가지 제시되고 나면, 제시된 문제 해결 방안 중 어느 안을 선택할 것인가를 정해야 하는 검증의 과정을 거쳐야 한다. 이때 선택되지 않은 안은 항상 최선의 방안이 최종적으로 부적합한 것으로 입증되었을 경우 제2안, 제3안으로 채택될 수 있다는 것을 염두에 두고 폐기해서는 안 된다.

❶ **선택**

선택된 해결 방안이 문제의 현상을 정확히 파악한데서 온 해결안인지, 분석과정은 합리적이었으며 그 과정에 오류는 없었는지, 해결 방안은 현실성이 있는 것인지, 그 해결방안에 대한 참석자의 의견이 일치되고 있는지 등을 종합적으로 검토하여 최종안을 선택한다.

❷ **검증**

문제 장면에서 가설을 적용하여 입증해 보이는데, 이때 검증할 수 없는 문제라면 다른 유사 문제에서 발생한 문제를 면밀히 검토하여 비교해 본다. 또한 전체적으로 보았을 때 일반성이 있는지 확인해본다.

❸ **종합**

이상의 단계를 거쳐 결정된 제안을 종합적으로 재검토해 봄으로써 해결 방안의 최종안으로 채택한다.

5 브레인스토밍

5.1 브레인스토밍이란?

브레인스토밍(brain storming)은 미국 광고회사의 사장이었던 오스본(Alex F. Osborn)에 의해 고안되었는데, 집단의 구성원들이 자발적으로 특정 문제에 대한 해결책을 찾기 위해 모든 아이디어를 모으는 회의 기법이다.

브레인스토밍은 'brain'과 'storming'의 합성어로서 두뇌와 폭풍이라는 의미에서 유추할 수 있는 바와 같이, 여러 명이 함께 판단과 비판을 유보한 채 머릿속에서 아이디어의 폭풍이 몰아치듯 마음껏 아이디어를 내는 발상법이다. 즉 참가자들은 생각나는 아이디어를 마구 쏟아내고, 다른 사람들이 낸 아이디어에 더한다. 모든 아이디어들은 기록되지만 전혀 비판되지는 않고, 브레인스토밍 세션이 끝난 후에 아이디어들을 평가한다. 이와 같은 과정은 전반적으로 구성원 각자가 큰 노력을 기울이지 않고 새로운 아이디어를 낼 수 있도록 해줄 뿐 아니라 지속적으로 노력하고 평가할 수 있도록 해 준다.

5.2 성공적인 브레인스토밍을 위한 규칙[3]

1) 규칙 1: 아이디어에 대한 판단을 미루고 보류하라.

브레인스토밍 세션이 끝날 때까지 아이디어에 대한 판단을 하지 말아야 한다. 그 아이디어는 부정적인 부수적 효과가 있다거나 가치가 없다고 평가하지 말아야 한다. 모든 아이디어들은 어쩌면 훌륭한 측면이 있을 수도 있으므로 그 아이디어들을 판단하지는 말아야 한다. 이 단계에서는 모든 아이디어에 대해 비판하거나 칭찬하는 것 모두를 포함해서 논의하는 것을 피해야 한다.

아이디어들은 문제의 해결책이 될 수도 있지만 해결책이 생각나게 해 주는 매개 아이디어가 될 수도 있다. 심지어는 겉으로 보기에는 바보스러운 아이디어도 좋은 아이디어의 발단이 될 수 있다. 그러므로 브레인스토밍 과정 중에는 아이디어를 절대 판단해서는 안 되고 모든 아이디어들을 기록해야 한다. 절대적으로 나쁘기만 한 아이디어는 없는 것이다.

만약, 이 단계에서 아이디어 평가가 이루어진다면 아이디어 생성을 위해 이용될 수 있는 유용한 지력(brain power)을 아이디어 평가하는 데 소모함으로써 아이디어 생성에 집중할 수 없다. 따라서 새로운 아이디어를 생성하는 데만 시간을 씀으로써 브레인스토밍 세션을 극대화시키는 것이 좋다.

2) 규칙 2: 엉뚱하고 과장된 아이디어를 격려하라.

오스본은 엉뚱한 아이디어가 사람들이 생각하는 방식을 바꾸어 주기 때문에 엉뚱한 아이디어의 생성이 매우 유용한 아이디어의 발단이 될 수 있음을 발견하였다.

우선적으로 즉석에서 가치 있는 아이디어를 생각해내는 것보다는 엉뚱한 아이디어를 다듬는 것이 훨씬 더 쉽다. 아이디어가 엉뚱하면 할수록 더 좋다. 기괴하고 쓸모없을 것 같은 아이디어를 훌륭한 아이디어의 발단으로 활용하기 위해 주저 없이 말해도 좋다. 어떤 아이디어도 우스꽝스럽기만 한 것은 없다.

3) 규칙 3: 질이 아니라 양으로 세라.

오스본은 많은 양의 아이디어가 나오게 되면, 더 많은 아이디어들은 더 유용한 아이디어를 낳는다고 판단했다. 즉 양이 질을 보장한다고 판단했기 때문이다.

브레인스토밍 세션에서는 아이디어의 양을 늘리고 나중에 목록에 적어야 한다. 모든 활동들은 주어진 시간 내에 가능한 많은 아이디어를 뽑아내는 방향으로 이루어져야 한다.

조직이나 개인이 보다 창의적인 아이디어를 선택해야 한다면 더 그렇다. 즉 세션의 마무리 단계에서 아이디어의 수가 매우 많다면, 좋은 아이디어를 찾아낼 가능성은 그만큼 높아지는 것이다.

각 아이디어는 짧게 기록하고 길게 서술하지 말아야 한다. 즉 핵심어만 캡처해서 기록해야 하고 짧게 설명을 한다. 빨리 생각하고 나중에 숙고하라.

4) 규칙 4: 다른 사람들에 의해 나온 아이디어를 기반으로 삼아라.

다른 사람들의 아이디어를 확대하고 각 아이디어에 추가적인 생각을 덧붙이고자 노력해야 한다. 다른 사람들의 아이디어를 자신의 영감으로써 이용하라는 것이다. 창의적인 사람들은 또한 남의 말을 경청하는 사람임을 명심해야 한다. 새로운 가능성을 탐색하기 위해 제안된 아이디어 몇 가지를 결합해 보면 더 좋은 새로운 아이디어를 얻어낼 수 있을 것이다.

다른 사람들의 아이디어를 적용하고 개선하는 것은 새로운 아이디어를 생성하는 것처럼 가치 있는 일이다.

5) 규칙 5: 모든 사람들과 아이디어는 동등한 가치가 있다.

모든 사람들은 상황과 해결책에 대해 타당한 시각과 독특한 관점을 가지고 있다. 우리 모두는 다른 사람의 시각과 관점을 알고 싶어한다. 브레인스토밍 세션에서는 마지막 해결책으로써가 아니라 순수하게 새로운 아이디어의 발단으로써 아이디어를 낼 수 있다. 따라서 아이디어를 종이에 썼다면, 그것을 제출함으로써 참여하는 것이 중요하다. 모든 사람들로부터의 참여를 촉진하는 것이 매우 중요하다.

각각의 아이디어는 그것을 말한 사람에게 소속되는 것이 아니라 집단에 소속되는 것이다. 모든 참가자가 자유롭고 자신 있게 집단의 아이디어 생성에 기여하고 있다고 느낄 수 있는 것이 집단의 책임이자 그 집단의 브레인스토밍 능력의 지표가 되는 것이다.

5.3 브레인스토밍의 활용법

브레인스토밍은 8~12명의 사람들로 구성된 집단에 가장 효과적이고 편안한 환경에서 잘 수행될 수 있다. 참가자들이 편안하게 느끼면서 농담도 할 수 있다면 보다 마음껏 창의적인 아이디어를 낼 수 있을 것이다.

브레인스토밍은 진행자와 화이트보드 차트나 소프트웨어 도구와 같이 아이디어를 적을 수 있는 도구와 회의 공간이 필요하다.

브레인스토밍은 다양한 집단의 사람들로 구성되어 있을 때 가장 효과적이다. 참가자들은 다른 부서의 조직과 서로 다른 인적 배경을 가진 사람들로 구성되어야 한다. 특수한 영역이라도 외부 인사들이 전문가에게 영감을 불어 넣어줄 수 있는 신선한 아이디어를 가져올 수 있기 때문이다[4].

브레인스토밍은 다음과 같은 단계로 진행되는 것이 바람직하다.

1) 창의적인 도전으로 문제나 이슈를 정의하라.

문제와 이슈 정의는 매우 중요하다. 잘못 설계된 문제들은 문제점을 해결하는 데 실패한 많은 아이디어를 만들어 낸다. 그러나 잘 설계된 창의적이고 도전적인 문제들은 문제점을 해결하는 데 최상의 아이디어를 내게 한다. 창의적인 문제로 시작되는 전형적인 질문은 "우리가 어떤 방식으로 할 수 있을까?", "우리가 어떻게 할 수 있을까?" 이다. 창의적인 문제는 문제 정보에 다른 것을 포함시키지 않고 정교해야 한다. 예를 들면 "우리가 X 제품을 어떤 방법으로 개선할 수 있을까?" 또는 "우리의 클럽에 더 많은 지역주민들이 참여할 수 있도록 독려할 수 있는 방법은 무엇이 있을까?"

2) 시간제한을 두어라.

통상적으로 약 25분 정도를 권장하지만 훨씬 더 많은 시간이 요구되는 때도 있다. 대규모의 집단에서 모든 사람들의 아이디어가 나오기 위해서는 더 많은 시간이 요구된다. 시간 제한에 어려움이 있다면 아이디어 수의 제한을 제시할 수도 있다. 최소한으로 50개 이상을 요구할 수도 있지만 100개를 요구한다면 더 좋다.

3) 참가자들은 기탄없이 자신의 아이디어를 내놓는다.

일단 브레인스토밍이 시작되면 진행자나 서기가 아이디어들을 받아 적는 동안 참가자들은 문제의 해결책을 주저 없이 말해야 한다. 통상적으로 화이트보드나 플립차트에 참가자 전원이 볼 수 있도록 적는다. 아무리 어리석고 현실성 없는 엉뚱한 아이디어일지라도 절대 비판해서는 안 되고 받아 적어야 한다. 웃는 것은 독려하지만 비판은 절대 안 된다.

4) 아이디어 5개를 선택한다.

일단 시간이 다 되면 가장 좋은 아이디어 5개를 선택한다. 이 아이디어는 브레인스토밍 회의에 참가한 모든 사람들이 동의한 것으로 선정해야 한다.

5) 아이디어 판단의 준거를 5개 정한다.

문제를 해결하기 위해 가장 최상의 아이디어로 판단할 수 있는 5개의 준거를 적어라. 준거는 '~이어야 한다'는 말로 시작해야 한다. 예를 들면 "비용이 효과적이어야 한다", "합법적이어야 한다", "7월 15일 이전에 끝날 가능성이 있어야 한다"와 같다.

6) 각 아이디어를 평가한다.

선정된 아이디어가 각각의 준거를 얼마나 잘 만족하는지 0~5점으로 평가한다. 아이디어들이 각 준거에 대해 평가되면 평가 점수를 모두 더한다.

가장 높은 점수를 받은 아이디어가 문제를 가장 잘 해결할 수 있을 것이다. 그러나 최상의 아이디어들에 대한 기록을 보관해야 하는데 그 이유는 문제를 가장 잘 해결할 수 있는 아이디어가 실제 문제를 해결해주지 못하는 것으로 판명이 날 수도 있기 때문이다.

5.4 브레인스토밍 진행자의 역할

1) 진행자의 역할(회의진행)

브레인스토밍 진행자는 토의가 원만하게 진행될 수 있도록 다음 요령에 따라 회의를 진행해야 한다[5].

❶ 자유롭고 유쾌한 분위기를 만들도록 애쓴다.

❷ 집단토론 중 비판을 하는 사람이 나올 경우 브레인스토밍의 규칙을 상기시킨다.

❸ 발언을 잘 안하는 사람이 있는 경우 전원이 골고루 발언하도록 지명하여 발언을 유도한다.

❹ 진행자는 원칙적으로는 의견을 내놓지 않으나 아이디어 발언이 더 이상 원활하게 진행되지 않을 경우, 실마리 아이디어를 내 놓거나 유도와 촉진을 위한 발언을 한다.

❺ 남의 아이디어에서 힌트를 얻어 아이디어를 내고, 종합 개선할 수 있도록 권장한다. 예를 들면 '○○의 의견에 덧붙여서~', '아! 그러니까 생각나는데' 와 같이 유도한다.

❻ 아이디어가 너무 많이 나와서 서기가 적기 힘들 경우에는 발언속도를 조절하거나 서기를 두 사람에게 맡긴다.

❼ 이미 나온 아이디어라도 구성원이 발언할 때는 서기로 하여금 받아 적도록 한다. 이때 비슷한 것일 수도 있지만 아주 똑같은 경우라도 받아들이도록 한다.

2) 서기의 역할

서기는 요점을 빨리 파악하여 알기 쉬운 용어로 빨리 쓸 수 있는 사람이 적합한데, 전체 구성원의 인원이 적을 때에는 회의진행자가 서기를 겸하기도 한다. 서기의 역할은 다음과 같다.

❶ 서기는 진행자를 도와 나온 아이디어를 즉석에서 기록한다. 이때 기록용지는 전원이 보면서 아이디어를 낼 수 있도록 벽에 붙이면 더욱 효과적이다.

❷ 구성원의 발언내용을 요약해서 기록한다. 만약 내용이 확실치 않을 경우에는 발언자에게 문의해서 확인하여 기록한다.

③ 브레인스토밍 회의가 끝난 후 아이디어를 분류, 정리하여 팀원에게 분배하고 거기에 새 아이디어를 추가하거나 수정 · 보강해 줄 것을 부탁하고 그것을 다시 모아 재정리한다.

5.5 브레인스토밍을 방해하는 요인들

브레인스토밍을 위협하는 마인드나 말은 회의가 진행되는 동안 자제하는 것이 좋다. 이에 대한 대표적인 사례를 제시하면 다음과 같다[2].

- 그것은 당신 부서 일이기 때문에 나는 모른다.
- 그것을 해결하기에는 너무 많은 시간(또는 비용)이 든다.
- 그것은 비현실적이고 실용성이 없다.
- 그것은 전에도 몇 번 시도된 적이 있다.
- 그것은 시도하기에 너무 늦었다.
- 조금 뒤에 우리는 그 문제를 다룰 것이다.
- 지금은 그것을 위한 적당한 때가 아니다.
- 우린 아직 그것을 위한 준비가 되어 있지 않다.
- 외부 전문가나 할 수 있는 것이다.
- Task Force Team을 만들어 해결하자.
- 윗선에서 그것을 지지하지 않을 것이다.
- 제3자에게 먼저 그것을 시도해 보게 하자.
- 그것은 우리 계획에 맞지 않는다.

6 브레인라이팅

브레인라이팅은 다소 과묵하고 브레인스토밍과 같이 개방형 그룹 세션에서 많은 아이디어를 제공하는 것을 꺼려하는 집단에 특히 유용하다. 브레인라이팅은 모든 사람들이 해결하고자 하는 문제가 다른 경우에 특히 유용하다. 또한 대단위 그룹에서 유용하기 때문에 집단 크기에 실질적인 제한이 없다[6].

브레인라이팅의 특징을 도식화해서 나타내면 다음과 같다.

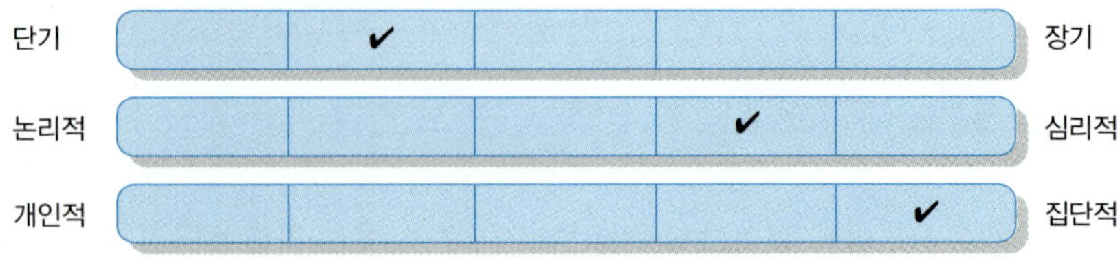

6.1 브레인라이팅 활용 방법

브레인라이팅은 아이디어는 가지고 있지만 대중 앞에서 목소리 내어 말하기 꺼려하는 사람들이 아이디어를 자유자재로, 익명으로 가시화할 수 있도록 해준다. 따라서 브레인라이팅은 듣는 사람들과 경쟁할 필요가 없고 모든 아이디어가 가시적이고 새로운 아이디어를 내기 쉽도록 도와주며, 모든 사람들이 동시에 아이디어를 제공하기 때문에 속도를 높여 준다는 장점이 있다. 이와 같은 브레인라이팅 기법은 다음과 같은 순서에 의해 활용하면 효과적이다.

1) 모든 사람들에게 브레인라이팅 시트를 나누어 준다.

그림 4-1과 같이 페이지의 맨 위에 문제 정의를 위한 공간이 있는 시트를 나누어 준

그림 4.1 • 브레인라이팅 시트

다. 아이디어가 쓰여질 수 있도록 직사각형을 아래로 놓고 하나의 시트에 맞게 많은 직사각형을 행간에 넣고, 평균적인 제안을 할 수 있는 커다란 직사각형의 공간을 만든다.

2) 문제를 정의한다.

각각의 사람들은 페이지의 윗부분에 문제를 적는다. 각자 다른 문제를 기입해도 좋고 모두 같은 문제를 기입할 수도 있다. 예를 들어 브레인라이팅에 참여한 사람들 모두가 같은 문제에 관심이 있다면 모든 사람들이 같은 것일 수도 있다. 아이디어가 개인을 위한 것이라면 브레인라이팅 시트가 궁극적으로는 해당자에게 돌아오기 쉽도록 이름을 써 넣을 수도 있다.

3) 아이디어를 적는다.

각각의 사람들은 브레인라이팅 시트를 다른 사람에게 넘기고, 그 문제를 해결하기 위해 한 가지나 그 이상의 아이디어를 적는다.

이때 다른 스키마를 이용할 수 있다.

- 사람들 각자가 하나의 아이디어를 첨부한다.
- 사람들 각자가 한 줄에 아이디어를 첨부한다(보통 4~5개)
- 사람들 각자가 그들이 원하는 만큼 많은 아이디어를 첨부한다.

특별히 초기 아이디어들은 매우 창의적인 것이 좋은데 이는 이후 문제들을 위한 자극제가 될 수 있기 때문이다.

4) 완성될 때까지 계속 진행한다.

브레인라이팅 시트는 다음 차례 사람들에게 넘겨지고, 이미 있는 아이디어가 자극제로 활용되어 더 많은 아이디어를 첨부하게 된다. 브레인라이팅 시트가 채워질 때까지 돌리는데, 페이지가 꽉 찼을 때 브레인라이팅 시트를 더 추가할 수도 있고 멈출 수도 있다.

다음은 브레인라이팅을 통해 시트가 채워진 예를 제시하고 있다.

문제: 공항에 정시에 도착하기
이름: Jane Dow

시계를 빨리 돌려놓아라.	날개를 돋아나게하라.	택시를 타라.	공항에서 일을 해라.	공항을 떠나지 말아라.
시계에 알람을 설정하라.	헬리콥터를 임대하라.	미리 택시를 주문해라.	대신에 기차를 타라.	다음 비행기를 타라.

그림 4.2 • 브레인라이팅 시트 작성 예

활용가능한 브레인라이팅 기법에는 여러 종류가 있지만 가장 대표적인 브레인라이팅 6-3-5 기법을 소개하면 다음과 같다[7].

6.2 브레인라이팅 6-3-5

브레인라이팅 6-3-5라는 이름은 6명의 사람들이 5분 안에 3가지의 아이디어를 적는 과정에서 유래되었다. 각각의 사람들은 6-3-5 워크시트를 갖게 된다.

문제진술 : … 하는 방법

	아이디어 1	아이디어 2	아이디어 3
1			
2			
3			
4			
5			
6			

그림 4.3 • 브레인라이팅 6-3-5 시트

모든 사람들은 그들의 워크시트 위의 문제진술란에 기입한다. 그리고 나서 그들은 워크시트의 첫 번째 줄에 3가지 아이디어를 5분안에 6~10개 단어로 구성된 간결한 완성문 형태로 작성한다. 5분이 지나고 나서(또는 모든 사람들이 아이디어 작성을 끝마쳤을 때) 워크시트를 오른쪽에 앉아 있는 사람에게 넘긴다. 그리고 나서 세 가지의 아이디어를 첨가한다. 이때 자기 순서가 왔음에도 불구하고 특별한 아이디어가 없으면 다음 사람에게 넘긴다. 이와 같은 과정은 워크시트가 완성될 때까지 계속되는데, 결과적으로 6장의 워크시트에는 총 108개의 아이디어가 있을 것이고 이것들이 평가대상이 된다.

구성원 모두의 브레인라이팅 과정이 끝나면 시트를 옆 사람에게 전달하는데, 이때 각자 손에는 자기 아이디어가 적혀 있지 않은 시트가 오게 된다. 각자는 갖고 있는 용지 중에서 자기 것보다 좋은 아이디어라고 생각하는 것에 ㅇ표 함으로써 간단하게 아이디어 평가를 할 수 있다.

7 고든법

이 발상법은 미국의 고든(William J. J. Gordon)에 의해서 고안된 것으로서 브레인스토밍과 마찬가지로 집단적으로 발상을 전개하는 것인데 4가지의 규칙(비판엄금, 자유분방, 양 추구, 결합개선)도 마찬가지로 적용된다. 고든은 수많은 브레인스토밍을 행하는 가운데 한 차례의 아이디어가 나온 후에는 여간해서 참신한 아이디어가 나오지 않는 경향을 깨닫기 시작하면서 왜 이런 경향이 생기는지, 무엇이 아이디어 발상의 장애가 되는지에 대한 고민 끝에 다음과 같은 결론을 내었다. 즉 기발한 아이디어를 만들어 내기 위해 현재의 제품에 구애를 받으면 어렵다는 사실을 파악하고 '테마에 대한 구속'을 제거하기 위해 테마를 구체적으로 제시하지 않고 추상적인 테마만을 제시하여 가능한 한 광범위한 아이디어를 끌어내는 방법을 연구하였다. 결과적으로 브레인스토밍은 테마가 구체적으로 제시되어 실시하는데 비해 이 고든법은 키워드만 제시되고, 해결해야 할 과제는 진행자만 알고 실시된다는 점이 다르다. 예를 들면 면도기의 신제품 개발을 위한 경우라면 키워드로 '깎는다'만 제시하고 진행한다.

이때 참가자들로부터 '깎는다'와 관련된 다양한 발언들이 튀어나오고, 경우에 따라서는 의외의 기발한 발상들이 나올 수도 있다[8].

표 4.1 ● 참테마와 추상적 테마의 예

참테마		추상적 테마
브레이크의 개선	→	멈춘다
새로운 펜의 아이디어	→	표현한다
교통 정체의 개선	→	흐른다

출처: 정창덕(2006). 창의성 개발. p.59.

고든법을 활용할 때 주제가 추상적이기 때문에 나오는 아이디어도 예측과 빗나간 것도 있지만 진행자는 그것들을 실제 주제와 결합시켜, 회의 중이라도 항상 검토하고 있어야 한다. 시기를 보아 리더는 주제를 좁히고 회의가 끝나기 조금 전에 진짜 주제를 말한다. 단점으로는 리더의 유도가 어렵다는 것과 최저 3시간 정도의 시간이 걸린다는 것이다.

7.1 고든법의 진행 방법

고든법의 진행 방법은 다음과 같다.

❶ 그룹을 편성한다.

문제의 해결에 필요한 전문지식을 가진 사람은 물론 다양한 분야의 창조적인 능력을 가진 사람도 참가시킨 그룹을 만든다. 참가자는 대략 7~8명 수준으로 인선하여 그룹을 편성한다.

❷ 리더가 문제를 이해한다.

리더만이 해결해야 할 문제를 알아야 한다. 그룹이 편성되어도 좋은 아이디어가 나와 해결이 가까워질 때까지 멤버들에게 문제를 알리지 않는다.

❸ 리더는 발상의 방향을 제시하여 자유롭게 발언하도록 한다.

예를 들어 새로운 청소기를 개발하고자 한다면, '먼지', '모터', '전기코드' 등과 같은 키워드를 제시하면서 진행을 원활하게 해준다.

❹ 생각이 날 때까지 계속한다.

참가자들은 키워드에 대해 떠오르는 아이디어를 자유로운 분위기에서 자유롭게 내놓는다. 될 수 있는 한 상식과 고정관념에서 벗어나 기발하고 비약적인 발상을 할 수 있도록 유도하는데, 당면한 문제에 가까워지면 그쪽으로 발상을 유도한다.

❺ 문제에 대한 해결점을 찾는다.

문제 해결에 가까운 아이디어가 나오기 시작하면 진행자는 문제가 무엇인지를 알려 구체적인 실현 가능성을 논의하고 아이디어를 유용한 것으로 형성해 간다.

7.2 고든법의 활용 사례

단계		활용 예
① 테마를 결정한다. ② 테마로부터 추상적 테마를 추출한다.	진행자가 결정한다. 다른 멤버는 모른다.	「잔디깎는 기계」의 신제품 개발 · 진행자 : 이 회의 테마는 「분리」입니다. 생각나는 것이 있으면 제시하여 주십시오. · 멤버 1 : 이온과 전기분해에 의해서 소금을 염수로 분해할 수 있습니다. · 멤버 2 : 작은 진동에 의해서 크기가 다른 것을 분리할 수 있습니다. · 멤버 3 : 액체로부터 원심력으로 고체를 분해할 수 있습니다. · 진행자 : 바꾸어 말하면, 돌린다고 할 수가 있겠군요.
③ 추상적인 것으로부터 브레인스토밍을 한다.	진행자는 초점이 웬만큼 이루어지면 적절한 힌트를 주어 방향성을 제시한다.	
④ 회의의 마지막에 구체적 테마를 털어놓고 이야기 한다.	회의를 종합, 정리하기 위해 추상적 → 구체화로 옮긴다.	진행자는 원심력에서 분리라는 힌트를 포함한다. 즉 원심력을 이용하여 회전하는 고정쇠가 달린 드럼을 사용하는 잔디깎는 기계에 대한 아이디어를 얻는다.

출처: 정창덕(2006). 창의성 개발. p.60

8 여섯 색깔 모자 기법

에드워드 드 보노는 1985년 여섯 색깔 모자 기법이라는 매우 효율적인 회의 기법을 개발하였다. 많은 기업이나 조직에서 무수히 많은 회의가 열리지만 도통 결론 없이 끝나거나 매우 오랜 시간동안 진행 후 결론을 얻는 등 회의로 인해 얻는 손실 또한 만만치 않은 것이 현실이다. 이러한 현실을 직시한 에드워드 드 보노는 회의 과정에서 생각하는 것의 가장 큰 어려움이 혼란에 있다는 사실을 직시하였다. 즉 우리는 너무 많은 것을 한꺼번에 알려고 한다는 점이다. 감정, 정보, 논리, 희망, 창조력 등이 한꺼번에 밀려오면 우리 머릿속은 매우 복잡해지게 되기 때문에, '한 번에 한 가지만 생각한다' 는 아주 단순하고도 강력한 개념을 적용한 회의 기법을 창안하게 되었다. 누구나 감정과 논리를 구별할 수 있고 창의적인 아이디어와 현재 있는 정보를 구별할 수 있으며, 긍정적인 관점과 부정적인 관점 또한 구별할 수 있다.

이와 같은 다양한 관점을 색깔이 주는 이미지와 연결하고 언어가 가져다 주는 감정적인 의미전달보다는 모자라는 매개를 통해서 관점 전환을 보다 객관화시키기 위해 여섯 색깔 모자 기법을 개발하였는데, 각 여섯 색깔 모자가 주는 의미와 이를 응용한 회의 진행 방식을 중심으로 제시하면 다음과 같다[9].

8.1 여섯 색깔 모자의 의미

여섯 색깔 모자의 의미를 설명하기에 앞서 하얀색, 빨간색, 검은색, 노란색, 초록색, 파란색의 여섯 색깔이 가지는 의미를 이해한다면 여섯 색깔 모자의 의미를 더 쉽게 이해할 수 있을 것이다.

❶ 하얀색 모자: 객관적인 사실 · 숫자 · 정보 · 데이터

하얀 모자는 하얀 종이에 담긴 '글씨' 를 의미하기 때문에 하얀 모자를 썼을 때는 오직 객관적인 사실이나 정보에만 집중해야 한다. 하얀 모자는 일반적으로 회의 초반에 논의해야 할 사안에 대한 정보나 어떤 문제를 해결하기 위해 회의를 시작하는지 그 배경을 확인하고자 사용한다. 간혹 논의 끝에 현재 알고 있는 정보와 얼

표 4.2 ● 여섯 색깔의 의미

색깔	이미지	관련성	비고
하얀색	중립적, 객관적	데이터, 정보	빨간색과 대비
빨간색	분노와 노여움 등의 감정	느낌, 직관, 정서, 감정	
검은색	암울, 진지	주의, 경고, 잠재된 위험	노란색과 대비
노란색	밝고 긍정적	희망적이고 긍정적인 관점	
초록색	풍부한 성장	창조성과 새로운 아이디어	파란색과 대비
파란색	냉철	계획, 일정조정, 통제	

마나 일치하는지 확인하기 위해 회의 끝부분에 사용하기도 한다.

❷ 빨간색 모자: 느낌 · 직관

빨간 모자는 느낌, 정서와 관계가 있기 때문에 느낌과 감정, 직관들을 솔직하게 표현할 기회를 제공해 준다. 따라서 빨간 모자를 쓰고서 느낌을 설명하거나 정당화하기 위한 논리를 제시하지 않아도 된다. 즉, 왜 그런 느낌을 받았는지 혹은 왜 그렇게 생각할 수밖에 없었는지 설명할 필요가 없다.

이와 같은 빨간 모자 느낌을 얘기해 달라고 했을 때, "그냥 통과"라고 말하는 것은 허용되지 않는데, 이는 빨간 모자 생각이 매우 개별적이므로 회의 참석자들의 생각을 들어보는 것이 좋기 때문이다. 또한 중요한 것은 그대로의 느낌을 표현하는 것이므로 어떤 평가나 판단을 요구하는 것이 아니라는 점을 명심해야 한다.

이러한 빨간 모자가 주는 장점은 감정을 표현할 수 있는 공식적인 기회를 주기 때문에 회의에서 느낌과 감정이 느닷없이 끼어 들 가능성은 사라지게 된다는 점이다.

❸ 검은색 모자: 주의 · 어려움 · 위험

검은 모자는 여섯 색깔 모자 중에서 가장 빈번하게 사용되는 모자인데, 이는 가장 중요하다는 뜻이기도 하다. 검은 모자는 '신중함'을 상징하기 때문에 불법적인 행동이나 위험, 재정상의 손해나 환경 오염 등 좋지 않은 일들을 미리 막는 것이 검은 모자의 임무이다. 따라서 생존의 모자라고 할 수 있는데 이는 아무리 좋은 아이디어라도 단 한번의 실수로 돌이킬 수 없는 상황을 초래할 수 있기 때문에 이를 피할 수 있도록 해주는 것이 검은 모자의 의미이다. 또한 검은 모자는 어떤 사안이 우리가 가진 자료, 정책, 가치 기준 등과 어떻게 어긋나고 모순되는지 밝혀내는 역할을 한다.

검은 모자를 사용할 때 주의해야 할 점은 과다하게 사용해서는 안 된다는 점인데, 이는 잘못된 점을 미리 점검하는 것은 좋지만 이를 위해 대부분의 시간을 낭비하는 것은 바람직하지 않기 때문이다.

④ 노란색 모자: 이점 · 이익

노란색이 주는 낙관적인 이미지와 연상시켜 노란 모자는 제시된 제안에 대해 이점이나 가치를 찾아낼 준비를 하는 과정이다. 또한 새로운 제안을 실천할 수 있는 방법을 생각하게 해 주는 모자이기도 하다.

노란 모자는 사람들이 긍정적인 가치를 찾아내는 데 시간을 활용하도록 하기 때문에 매우 가치 있는 모자이다. 그러나 한 가지 주의할 점은 노란 모자 사고가 논리에 근거한 것이어야 한다는 점이다. 즉 어떤 가치가 있다고 말할 때 그에 상응하는 이유를 댈 수 있어야 하지 그저 환상적인 이야기를 해서는 안 된다.

⑤ 초록색 모자: 창의 · 대안 · 아이디어

생명의 에너지를 상징하는 초록의 이미지와 연계시켜 초록 모자는 창조적인 사고의 시간이다. 즉 초록 모자 시간에는 기존의 아이디어와 다른 대안들과 방식들을 제안함으로써 명백한 대안이나 전혀 새로운 아이디어들이 나올 수도 있고, 기존의 아이디어를 수정하거나 더 개선시키는 것도 가능하다. 한편 어떤 일련의 행동을 취하자고 제안하는 것도 초록 모자 사고이므로 검은 모자에서 제기된 난점들을 극복할 수 있는 아이디어를 모색하는 데도 유용하다.

⑥ 파란색 모자: 사고의 계획 · 통제

파란색 하면 떠오르는 것이 파란 하늘일 것이다. 파란 하늘을 보면 저 높은 하늘에서 세상 전체를 내려다 본다는 상황을 상상할 수 있을 것이다. 파란 모자는 회의를 주재하고 생각하는 방향을 결정하는 모자이다. 즉 파란 모자는 회의시간의 '총관리자' 이므로 회의 시간의 안배도 파란 모자의 책임이다.

모든 회의는 파란 모자가 상황을 정의하는 것으로 시작되는데 회의 방향을 설정하고 회의의 목적과 결과물을 정하는 것이다. 또한 회의의 안건이나 모자를 쓰는 순서를 정하는 것도 파란 모자의 일이며, 어떤 색깔의 모자를 사용할 것인지 말 것인지를 결정하는 것도 파란 모자의 일이다. 그리고 회의가 진행되는 중에 전체 질서를 바로잡고 참석자들에게 요구받은 모자를 제대로 쓰고 있는지를 확인하는 것도 파란 모자의 일이다. 따라서 파란 모자의 주인은 대개 회의 주재자, 의장 혹은 리더들인데, 이들은 회의의 처음부터 끝까지 파란 모자의 역할을 하게 된다.

8.2 여섯 색깔 모자 기법의 활용

실제 회의에서는 모자의 기능에 대한 언급없이 색 자체에 대해서만 이야기하는 것이 원칙인데 그 이유는 이렇다. 만약에 누군가가 당신에게 "그 일에 대한 당신의 감정이 어떠합니까"라고 묻는다면 솔직한 답을 하기가 어려울 것이다. 객관적이고 공정해야 하는 회의에서 감정을 말하는 것이 잘못된 것이라는 생각 때문이다. 만약 "빨간 모자를 써 주세요"라고 가치 중립적인 언어를 쓴다면 서슴없이 감정을 표현할 수 있을 것이다. 이처럼 여섯 색깔 모자 기법을 제대로 활용하기 위해서는 몇 가지 알아두어야 할 원칙들이 있다. 즉 상황에 맞게 모자를 바꿔 쓰는 방법과 정해진 순서에 따라 모자를 바꿔 쓰는 방법이 그것이다.

1) 대응적 사용법

대응적 사고법은 사전 계획에 의해서가 아니라, 회의 진행 도중 필요에 따라 어떤 특정한 방향의 사고를 요구하기 위해 한 가지 색깔의 모자를 사용하는 방법이다. 예를 들어 어떤 대화나 토론을 하는 중에 새로운 아이디어를 요구하기 위해서는 "… 우리 이 시점에서 초록 모자를 쓰고 생각해 봅시다"라고 말하는 방법이다.

2) 체계적 사용법

모자 쓰는 순서를 정하고 그 순서에 따라 모자를 하나씩 번갈아 쓰면서 활용하는 방법이다. 이때 논의의 안건에 따라 어떤 특정 모자는 자주 사용될 수도 있고 전혀 사용되지 않을 수도 있다. 특히 이 기법에 익숙하기 전에는 미리 순서를 정하고 이를 따르는 것이 좋은데 순서를 정하는 역할은 파란 모자가 맡고 회의는 언제나 파란 모자부터 시작되며 참석자들은 파란 모자의 결정에 따라야 한다.

체계적 사용법에 근거해서 회의를 진행할 때에는 회의 참석자들이 정해진 순서를 따르는 것이 중요하다. 임의로 참석자가 "나는 지금 빨간 모자가 아니라 검은 모자를 쓰고 싶은데요"라고 하는 것은 허용되지 않고, 회의 진행자만이 '모자'의 전환을 지시할 수 있다.

각각의 모자를 쓰는 시간은 가능한 한 짧을수록 좋다. 일반적으로 1인당 1분 정도의 시간이 적절하다. 따라서 4명이 회의를 한다면 모자당 4분이면 충분하다. 그렇다고 중요한 아이디어가 계속 쏟아져 나오는데 시간이 지났다고 다른 색깔의 모자를 쓸 필요는 없다. 즉 가능한 짧은 시간을 정해 놓고 필요시에만 연장하는 것이 바람직하다. 특히 감정을 나타내는 빨간 모자를 쓸 경우에는 설명이나 합리화가 필요없이 감정만 나타내면 되기에 시간을 지키는 것이 중요하다.

어떤 순서대로 모자를 쓰는 것이 좋은가에 대한 표준화된 정답은 없지만 일반적으로 다음과 같은 순서로 진행한다면 큰 무리없이 효율적인 회의를 진행할 수 있을 것이다.

여기에서는 회의 참석자들이 회의 주제에 대해 무엇인가 강하게 느끼고 있는 경우를 사례로 모자쓰는 순서를 제시하면 다음과 같다.

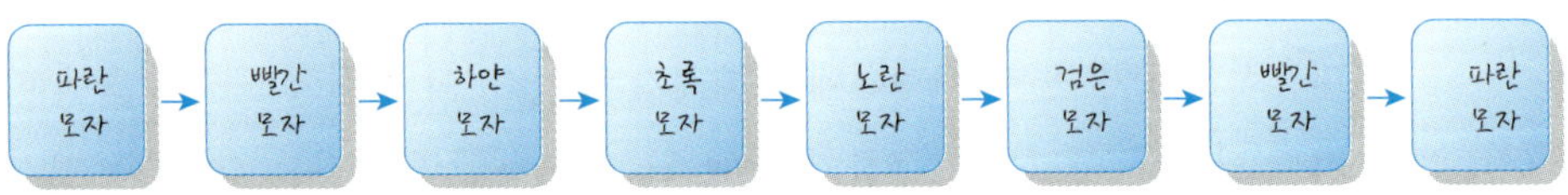

그림 4.4 • 여섯 색깔 모자의 순서 활용 예

❶ 파란 모자

회의의 시작 시점에서 파란 모자는 다음과 같은 사항들을 결정한다.

- 왜 우리는 회의를 하는가?
- 무엇에 대하여 생각할 것인가?

- 상황(또는 문제)을 어떻게 정의할 것인가?
- 또 다른 정의는 없는가?
- 우리가 성취하고자 하는 것은 무엇인가?
- 어디까지 회의를 진행할 것인가?
- 문제의 배경은 무엇인가?
- 어떤 순서로 모자를 쓸 것인가?

② 빨간 모자

어떤 사안에 대해 회의 참석자들이 이미 강한 어떤 감정을 가지고 있다면 빨간모자를 써서 감정을 드러내게 하는 것이 좋다. 그러나 회의 참석자 중 윗사람의 감정 표현이 다른 사람들에게 강한 영향이 미칠 것으로 예상된다면 처음부터 빨간 모자를 쓰는 것은 바람직하지 않다.

③ 하얀 모자

빨간 모자로 감정을 드러낸 다음에 중립적이고 객관적인 정보를 제시하는 것이 효율적이다.

④ 초록 모자

조사된 정보보다 더 구체적인 대안을 검토하여 창의적인 아이디어를 내기 위해 초록 모자를 쓴다.

⑤ 노란 모자

사안에 대한 대안을 검토한 후에 이에 대한 긍정적인 관점을 검토하는 것이 필요하다.

- 그 제안의 가치는 무엇인가?
- 또 다른 유용한 가치는 없는가?
- 누구를 위한 것인가?

⑥ 검은 모자

문제를 해결하기 위한 대안에 대한 잠재적인 문제점과 위험들에 대한 논의를 하는 것이 필요하다.

- 보완해야 할 약점에는 어떤 것들이 있습니까?
- 이 제안이 시행되었을 때 잘못될 만한 소지는 무엇입니까?
- 이 제안은 우리의 정책과 전략에 적합한가?
- 이 제안은 우리의 윤리관과 가치관에 적합한가?

⑦ 빨간 모자

회의의 끝에 빨간 모자를 씀으로써 그동안 회의가 얼마나 잘 진행되었는지를 점검하게 하는 것도 좋은 방법 중의 하나이다.

- 이번 회의에 대한 느낌이 어떻습니까?
- 결과에 만족하십니까?
- 우리가 이 일을 잘 성취했다고 보십니까?

⑧ 파란 모자

회의의 끝에서 파란 모자는 다음과 같은 사항들을 점검한다.

- 결론은 무엇인가?
- 무엇을 성취했는가?
- 해결 방안은 무엇인가?
- 다음에 해야 할 일은 무엇인가?

참고문헌

1. 서완석 편저(1998). 세계화를 향한 성공적인 회의법. 예문당.
2. 류한수(2006). GE Work-Out을 활용한 회의 잘하는 법. 경향미디어.
3. http://www.brainstorming.co.uk/tutorials/brainstormingrules.html
4. http://www.jpb.com/creative/brainstorming.php
5. 정창덕(2006). 창의성 개발. 서울; 도서출판 들샘.
6. http://creatingminds.org/tools/brainwriting.htm
7. http://www.mycoted.com/Brainwriting
8. http://pomme.kr/tag/%EA%B3%A0%EB%93%A0%EB%B2%95
9. 에드워드 드 보노(2006). 정대서 역. 색깔이 솔솔~여섯색깔모자. (주)한엄.

ENGINEERING COMMUNICATION

CHAPTER 05

발표

프레젠테이션은 정교하게 다듬어진 생각을 가지고 하는 것이다.
그것은 단순한 언변이 아닌 치열한 생각이다.

−최인아

1 서론

커뮤니케이션은 '의사소통'을 의미하며, 말이라는 수단을 통하여 자신의 의사와 감정을 표현하고 상대방의 말을 듣고 반응하기 때문에 '대화'라는 말로 표현하기도 한다. 의사소통의 기본조건은 상대방이 존재한다는 것이며, 의사소통이 제대로 이루어지지 않을 경우에는 사람들과의 관계를 제대로 맺을 수 없게 된다. 의사소통에 문제가 일어나는 것은 듣는 사람의 입장과 말하는 사람의 입장이 다르기 때문이다. 말하는 사람은 자신이 말하는 내용을 다 알고 있기 때문에 어떻게 표현을 했건 말의 의미를 잘 전달했다고 생각하게 된다. 그러나 듣는 사람은 말하는 사람이 전달하고자 한 의미를 이해하기 어려운 경우가 있다. 즉 의사소통이 제대로 안 되고 자신의 의도와는 관계없이 엉뚱한 결과를 가지고 오기도 한다. 따라서 자신이 전하고자 하는 말의 의미를 상대방에 정확하게 전달할 필요가 있다[1].

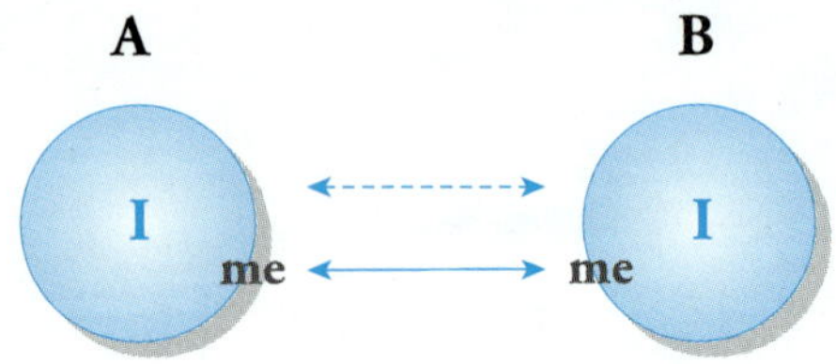

그림 5.1 • 사람들은 마주치고 소통한다. 하지만 '본래의 나(I)'로 만나서 소통하는 것이 아니다. 상대방에게 '보이고 기대되는 나(me)'로 만나서 소통하는 것이다[2].

"말의 의미는 단어 속에 있는 것이 아니라 듣는 사람의 귀 속에 있다"고 한다. 말하는 사람은 자신의 메시지를 전달한다고 생각하는 말을 골라서 쓰지만 듣는 사람은 자신이 생각할 때 그 말이 가진 '의미'라고 생각하는 것만을 골라서 듣는다. 커뮤니케이션의 목표는 내가 하고 싶은 말을 하는 데 있는 것이 아니라 말하는 사람과 듣는 사람이 '의미'를 공유하자는 데 있으며, '의미'가 공유되지 않는 커뮤니케이션은 아무 의미가 없다.

조직에 속해 있는 사람들은 시간의 75% 이상을 다른 사람과 함께 지내고 있으며, 다른 사람에게 내 뜻을 알리고 다른 사람이 하는 말의 의미를 정확히 파악하는 과정에서 조직 내에 관계가 만들어지고 유지된다. 만일 조직에서 문제가 발생하였다면 이는 관계를 유지하게 해주는 대화와 의사소통에 문제가 있다고 볼 수 있다. 의사소통을 통해서 전달되는 것은 정보이며 의사소통 과정은 그렇게 단순한 것이 아니다. 즉, 말하는 사람은 우선 생각을 말로 바꾸어야 하고, 듣는 사람은 보내진 말을 해석하여 의미를 파악해야 하는 과정을 거치게 된다. 각 단계에서 잘못이 생길 수 있으며, 메시지가 전달되는 과정에서 원래 의미의 40~60% 정도가 상실된다고 한다. 또한 의사소통은 말뿐만 아니라 몸짓, 손짓, 표정, 행동 등의 다양한 수단을 통해서도 이루어질 수 있으며, 경우에 따라서는 이와 같은 비언어적 요소가 의미 파악에 더 중요한 것으로 알려져 있다. 언어적인 부분과 비언어적인 요소가 적절하게 조화되지 않을 경우에는 듣는 사람이 상대가 숨기는 부분이 있다고 판단하거나 불신을 갖게 되기 쉽다.

성공적인 의사소통을 이루기 위해서는 상대방의 마음을 움직이는 내용을 설득력 있게 구성하고, 구성된 메시지를 효과적으로 전달하기 위한 방법을 찾아야 한다. 상황에 맞는 핵심적인 말과 전체의 체계적 구성을 이루기 위한 첫말과 끝말을 선택하고 내용 전개에 있어서 이성과 감성의 조화를 어떻게 이루는지가 '내용'에 속한다. 그리고 말할 때의 태도, 목소리의 높낮이, 발음 등과 함께 외모와 옷차림, 손짓, 눈빛 등은 내용을 효과적으로 전달하기 위한 '포장'이라고 할 수 있다[3].

몸짓은 말로 하는 언어와 같으며 대화와 의사소통의 자연스러운 일부분이다. 메시지를 전달할 때 몸짓, 눈빛 등과 같은 '말'이 아닌 비언어적인 요소로 전달되는 부분이 50%를 넘는다고 한다. 세상에서 가장 설득력 있는 소리는 아기가 우는 소리라고 한다. 아기가 울면 울음을 그치게 하기 위해 아기가 원하는 것을 해주어야 한다. 아기는 '말'을 할 수 없기에 온몸으로 주위 사람들을 설득하여 움직이게 하는 것이다.

몸짓이 말하는 몇 가지의 의미를 생각해보자. 대화할 때 시선이 자주 이동하고 눈을 마주치지 못하면 산만하다는 인상과 함께 신뢰감을 떨어뜨리게 한다. 상대방이 말을 할 때 허공을 쳐다보거나 시선을 다른 곳으로 돌리고, 상대의 어깨 너머로 시선을 보내서는 안 된다.

정당한 요구를 하면서 상대방의 눈을 똑바로 쳐다보지 않으면 설득력이 떨어지게 된다. 정당한 요구를 하면서 눈을 못 쳐다보면 상대방이 이상하게 생각하기 때문이다. 그러나 표를 사기 위한 긴 줄에서 시간에 쫓겨 앞사람에게 순서를 바꾸자고 할 때와 같이 정당하지 않은 요구를 할 때에는 시선을 마주치지 않는 것이 오히려 설득력이 높다고 한다.

팔짱을 끼거나 다리를 꼬고 앉는 것은 방어적인 심리 상태를 나타낸다. 팔짱을 끼면 불편하다는 뜻이며, 다리를 꼬면 거짓말을 하는 것으로 해석하기도 한다. 손바닥을 보이면 개방적이고 진지한 이미지를 주지만, 주머니 속에 손을 넣고 있으면 불안하거나 무엇인가를 숨기는 것으로 보이며 보는 사람에게는 무척 거슬리게 느껴진다.

대화 도중에 나오는 몸짓은 그 자체가 말과 같다. 내가 의도하지는 않았다고 해도 상대방은 몸짓이 말하는 것을 받아들이고 대화에 불성실한 인상을 갖기 쉽다. 이와 같이 의사소통에 있어서 '내용'과 '포장'은 어느 것 하나 무시할 수 없는 요소로서, 설득력 있고 마음을 움직일 수 있는 메시지를 만들어 내는 데 이 둘 간의 적절한 조화가 요구된다.

2 성공적인 대화의 방법

우리가 세상과 접촉하는 방법은 크게 '우리가 무엇을 하는가. 어떻게 보이는가, 무엇을 말하는가, 어떻게 말하는가?' 의 네 가지로 구분되고 이에 의해 우리는 평가되어 왔다. 이 가운데 마지막 둘은 '말하기' 에 대한 것으로, 사회생활을 잘 하는 데 필요할 뿐 아니라 말 때문에 생겨나는 일상생활에서의 마찰을 피하는 데 있어서도 말을 잘 하는 것은 매우 중요하다. 예로부터 사람의 인품을 평가하는 데 있어서 사람의 몸가짐, 말, 글을 기준으로(人測身言書判) 사용해온 것과 다를 바가 없음을 알 수 있다[4].

'말하기' 에 대하여 어느 정도 재능이 타고난 사람이라도 그 능력을 끊임없이 계발하기 위한 노력은 반드시 필요하다. 말을 잘하기 위한 기본적인 첫 번째 요소는 말을 하는 데 있어 솔직하고, 최선을 다하여 듣는 사람들로 하여금 나의 경험을 공유하도록 하는 것이다. 두 번째로 올바른 태도를 들 수 있다. 말하는 능력을 향상시키기 위하여 끊임없이 노력하며, 말할 때는 가능한 한 상대방의 눈을 똑바로 쳐다보며 말하고 의자를 앞으로 당기고 몸을 앞으로 숙여 듣는 사람과의 거리를 좁히는 적극적인 태도를 지녀야 한다. 또한 함께 대화하는 사람에 대한 진정한 관심을 갖고 그들이 지니고 있는 전문성을 존중함으로써 자신이 존중받고 있다는 느낌을 전달하는 것이다. 이럴 때 상대방은 말하는 사람에 더욱 집중하고 주의 깊게 말을 듣게 된다. 마지막 하나는 말하는 동안 자신을 개방하고 드러내야 한다는 점이다. 상대방에게 바라는 것과 똑같이 자신도 상대방에게 마음을 열고 솔직해져야 한다. 다른 사람이 자신에게 해주기를 바라는 만큼 다른 사람에게도 그만큼 베풀어야 한다.

2.1 효과적으로 말하는 방법

우리 인간이 세상에서 제일 두려워하는 것은? 죽음? 실직? 암에 걸리는 것? 연구 결과에 따르면 다른 사람 앞에서 발표를 하는 것이라고 한다. 사교적인 자리나 비즈니스 관계로 처음 보는 사람과 얘기하거나 처음으로 대중 앞에서 이야기를 할 때 누구나 긴장하게 되며, 심할 경우 공포감을 느끼기도 한다. 따라서 타인 앞에서 말하는 것을 배운다는 것은 우리를 공포와 맞서게 함으로써 자의식을 극복하고, 용기와 자신감을 구축하는 수단을 확보하는 것으로 볼 수 있다.

1) 자기 자신에 대한 평가

효과적으로 말하기 위하여 우선 자신의 말하는 스타일을 아는 것이 중요하며, 타인에게 요청하여 다음의 관점에서 자신에 대한 평가를 듣도록 한다.

❶ 자기 얘기만으로 상대방의 관심을 끌고 독점하며, 상대방에게는 얘기할 기회를 배려하지 않는가? 상대방은 당신이 말을 잘 한다고 생각하다가도 어느 순간 지루함을 느끼게 되며 듣는 사람들에게 좋은 인상을 주지 못한다.

❷ 말을 너무 많이 하며 장황하게 설명하기를 좋아하는가? 사고가 불분명할 경우 말할 때 횡설수설하게 되며, 타인의 관심을 끌지 못하게 된다.

❸ 개인적인 일 이외에 다른 사람의 관심거리를 끌만한 얘깃거리가 있는가? 풍부한 화젯거리는 많이 알고 정확히 아는 지식에서 나오기 때문이다.

❹ 상대방의 기분을 생각하고, 미소를 지으며 활기 있게 얘기하는가? 일반적으로 미소는 상대방을 편안하게 하고 인간관계를 좋게 하면서 호감 가는 인상을 줌으로써 자신의 마음도 즐겁게 하는 것으로 알려져 있다. 또한 자신이 말하는 것을 즐긴다고 상대방이 생각할 때, 상대도 얘기를 더 즐기게 된다.

❺ 솔직하게 얘기하는가?

2) 말을 시작하는 방법

처음 만나는 누군가와 말할 때 느끼는 어색함을 해소시키는 가장 좋은 방법은 상대방을 편하게 해주는 것이며, 그들 자신에 관한 질문을 하는 것이다. 왜냐하면 사람들은 자신에 관한 얘기를 듣기 좋아하기 때문이다. 영국의 수상을 지낸 벤자민 디즈렐리의 말을 참고하기 바란다. "사람들에겐 그들 자신에 관한 것을 말하라. 그러면 그들은 몇 시간이고 당신 말을 경청할 것이다[5]."

대화의 첫 규칙은 듣는 것이다. 말하고 있을 때는 아무 것도 배울 수 없지만, 많은 것을 배우기 위해서는 상대방의 말을 경청하는 것이 유일한 방법이다. 상대방의 말에 귀 기울이지 않으면 상대방도 나의 말에 귀 기울이지 않는다. 상대의 말을 주의 깊게 들으면 내가 말할 차례가 왔을 때 더 잘 응대할 수 있고 말을 더 잘할 수 있게 된다. 데일 카네기는 인간 관계론에서 경청의 중요성을 다음과 같이 언급하고 있다. "많은 사람들이 상대방의 이야기를 주의해서 들어주지 않기 때문에 좋은 인상을 주는 데 실패하고 있다.… 대단히 중요한 위치에 있는 사람들은 말을 잘하는 사람보다 남의 이야기를 잘 듣는 사람을 높이 평가하며, 남의 이야기를 잘 듣는 능력이 다른 어떤 특성보다도 바람직한 것으로 생각한다고 말한다.… 만일 당신이 사람들로 하여금 당신을 피해 다니고 당신을 비웃고 경멸하게 만들 방법을 알고 싶다면 여기에 그 처방이 있다. 누구의 말이든 절대 오래 듣지 마라.… 다른 사람이 이야기하고 있는 동안 좋은 생각이 떠오르면 그 사람의 말이 끝나기를 기다릴 필요가 없다. 남이 말을 하거나 말거나 중단시키고 자기 말을 하면 된다[6]."

3) 경청

경청은 ① 정보를 받아들이고, ② 정보를 해석하며, ③ 반응을 보이는 3단계로 이루어진다. 때로는 말하는 사람 때문에 올바른 경청이 이루어지지 않는 경우가 있다. 목소리가 잘 안 들리고, 말이 너무 빠르거나 말의 의미가 이해가 안 될 때는 듣는 사람이 노력해도 올바른 경청이 이루어질 수 없게 된다. 정확한 경청을 방해하는 요소가 있다면 말하는 사람에게 문제점을 정확하게 전달할 필요가 있다.

듣기에는 소극적인 청취와 적극적인 청취로 구분할 수 있다. 소극적인 청취는 열심히 듣고 있다는 신호, 즉 맞장구를 치지 않거나 아무 말도 하지 않은 채로 그저 듣기만 하는 등 반응을 전혀 보이지 않는 경우를 말한다. 이러한 경우 말하는 사람은 듣는 사람이 이해를 했는지 관심이 있는지 전혀 알 수가 없기 때문에 당황하게 된다. 적극적인 청취는 다음의 3가지를 모두 했을 때 이루어진다. 첫째, 눈 맞추기를 통해 잘 듣고 있음을 몸짓으로 표현하여 관심을 보이는 것이다. 그렇다고 상대의 눈을 계속 뚫어지게 보면 상대방이 불편함을 느낄 수 있으며 자신도 불편해질 수 있으므로, 상대방이 말을 하거나 질문할 때 눈을 맞추는 것이 좋다. 상대방이 말을 하지 않을 때는 시선을 다른 곳으로 돌리는 것은 괜찮지만, 그 자리에 아무도 없는 듯이 허공을 응시

해선 안 된다. 둘째, 대화가 흥이 날 수 있도록 말하는 사람의 기분을 돋우는 것이다. 말하는 즉시 감탄사 '아~', '예예'를 말하거나, 주요 단어를 반복하고, 대화의 흐름을 연결시킬 수 있는 짧은 질문을 반복함으로써 흥을 돋우어 주는 것이다. 셋째, 주의 깊게 상대의 말을 듣고 이해했는지의 여부를 보여주는 것이다. 주제나 사람에게 관심을 보이기 위해 고개를 끄덕일 수도 있고, 믿기지 않은 일이라고 판단되면 고개를 약간 좌우로 흔들 수도 있다.

다음의 몇 가지 질문을 상황을 자신에게 던짐으로써 다른 사람의 말을 잘 듣고 있는지를 알아볼 수 있다.

1. 상대방의 이야기를 들을 때 귀뿐만이 아니라 머리, 가슴까지 동원하여 주의를 집중하고 내용뿐 아니라 의도까지 파악하려고 하는가? 눈을 마주치고 시선을 집중하며, 이야기를 듣는 중간에 잘 듣고 있다는 반응을 보이는가?
2. 상대방의 말을 잘 듣기 전에 미리 평가하고 결론짓지 않는가?
3. 이야기를 중단시키거나 당신이 이야기의 결론을 대신하여 말하고, 이야기가 덜 끝났는데 다른 화제를 꺼낸 적이 있는가?
4. 상대방의 옷차림, 음성, 매너 때문에 상대방을 무시한 적이 있는가?
5. 상대방이 이야기할 때 메모를 하는 습관이 있는가?
6. 상대방이 이야기를 하고 있는데 다른 일을 하거나, 자기 생각을 하며 먼 곳을 쳐다본 적이 있는가?
7. 이야기하는 도중에 다리를 떨고, 껌을 씹거나 말하는 도중 걸려온 휴대 전화를 오랫동안 받은 적이 있는가?
8. 자꾸 반복해서 다시 말해 줄 것을(응? 뭐라고? 등) 요구한 적이 있는가? 그리고 이야기할 때 '예, 아니오'라고 답할 수 있는 질문을 한다면 돌아오는 답은 역시 '예, 아니오' 뿐으로 이야기는 그것으로 끝나게 되는가? 예를 들면 '올 가을은 매우 더워 여름처럼 느껴지지요?' 대신 '올 가을 더위가 유난한 것을 보니 지구온난화 문제가 심각하다는 생각입니다. 당신 생각은 어떠신지요?' 질문은 상대방이 지구온난화에 대한 의견을 제시하도록 이끌고, 이는 더 나은 대화로 이끌어가도록 할 것이다.

4) 두려움을 극복하는 방법

또한 말을 잘하기 위해서는 상대방과 대화를 할 때나 무대에 올라 이야기를 시작할 때 가질 수 있는 두려움을 극복해야 한다. 두려움을 느끼는 주요 원인은 잘못된 것을 말하거나 옳은 것을 잘못된 방식으로 말하지 않을까 하는 염려에서 나오게 된다. 이는 타인 앞에서 이야기하는 것에 익숙하지 않기 때문이며, 전문가도 모두 경험하고 있는 것으로 연습을 통해 극복해야 하는 문제이다. 두려움을 피하지 말고 당연한 것으로 받아들이며 더 훌륭하게 말하는 방법을 익혀야 한다. 이를 위하여 말하려고 생각하는 주제에 대하여 철저하게 준비를 하고 자신의 내면에서 충분히 깊은 의미를 부여할 때까지 냉철하게 생각을 가다듬는 것이다. 그리고 자기가 주장하고자 하는 내용에 대한 확고한 믿음을 가지고, 이 이야기는 그 누구보다도 자기 자신만이 할 수 있으며 훌륭히 해낼 수 있다는 자기 암시를 필요로 한다. 이때 내면에서 잠자고 있는 자신감을 끌어냄으로써 상대방 앞에서 이미 용기를 갖고 있는 것처럼 늠름한 태도로 말을 시작해야 한다.

2.2 말 잘 하는 사람의 공통점

대부분의 성공한 사람들은 말을 잘하며, 반대로 이는 말을 잘 하는 사람이 성공한다는 뜻이기도 하다. CNN 토크쇼 사회자 래리 킹은 '래리킹, 대화의 법칙'에서 말 잘하는 사람들이 갖는 8가지의 공통점을 제시하고 있으며, 말을 하는 다양한 상황에서 공통적으로 적용될 수 있기에 여기에 소개한다[7].

❶ **새로운 시각으로 사물을 바라보라.**

자신의 일에 대하여 항상 많은 생각을 하고 있기 때문에 새로운 통찰력을 보여줄 수 있다.

❷ **'폭 넓은 시야'를 가지고 다양한 논점과 경험에 대하여 생각하라.**

여행을 통해서 우리는 시야를 넓힐 수 있다. 그러나 호기심을 가지고 다른 사람의 말을 경청한다면 여행을 하지 않고도 시야를 넓힐 수 있다.

❸ **열정을 가져라.**

"청중을 감동시키려면 먼저 자기 자신이 감명받지 않으면 안 된다. 우리의 열정이 우리의 눈동자를 통해 빛나고 우리의 목소리를 통해 울려 퍼지고 우리의 태도를 통해 나타날 때 청중에게도 그대로 전달된다." LA 다저스의 라소다 감독은 챔피언 결정전에서 패한 후 어떻게 그렇게 활기찰 수 있느냐는 질문에, 그는 "내 생애 최고의 날은 우리 팀이 이겼을 때요, 내 생애 두 번째 최고의 날은 우리 팀이 졌을 때죠."라고 말했다. 그리고 말하고 싶은 것이 있다면 좀 더 배워야 한다. 어떤 것에 관하여 알면 알수록 한층 더 진지해지고 정열적으로 된다.

④ 당신 자신에 대해서만 말하려고 하지 마라.

사람은 자신이 원하는 것에 관심을 갖지만 다른 사람은 당신이 원하는 것에 관심이 없다. 세상 사람 모두 자기가 원하는 것에만 관심을 갖고 있다. 따라서 다른 사람을 움직일 수 있는 유일한 방법은 그들이 원하는 것에 관해 이야기하고 그것을 어떻게 하면 얻을 수 있는지 보여 주는 것이다.

⑤ 호기심을 가져라.

상대방의 말을 경청하면서 자신의 시야를 넓히고 새로운 것을 배운다.

⑥ 상대에게 공감을 나타내라.

우리가 가장 말하고 싶은 상대는 자신과 함께 공감하는 사람이다. 사람들은 자신이 말하고 느끼는 것을 상대도 확실하게 공감해주길 바란다. 공감을 표시할 때 마음을 열고 솔직하게 하고 싶은 말을 하게 된다.

⑦ 유머감각을 보여주어라.

유머의 힘은 크다. 연설을 하거나 강연, 발표를 할 때 일단 청중을 웃도록 만들면 반은 성공이다. 웃음으로 하나가 된 후에 사람들은 경계심이나 반감을 누그러뜨리며, 친밀감은 급속도로 증가한다. 그러나 상황에 맞는 유머를 자연스럽고 적절하게 구사해야 한다.

⑧ 자신만의 스타일을 가져라.

자신만의 대화방식을 가지고 있으며 그것을 효과적으로 구사한다. '부드럽게 말하는 스타일', '감정에 호소하기를 좋아하는 스타일', '논리적인 스타일' 등의 다양한 대화방식 가운데 자기에게 편한 스타일을 찾아 자기 것으로 계발하는 것이다.

3 발표 (프레젠테이션)

정보를 전달하는 데 있어서 제한된 시간에 충분한 정보를 타인에게 전달할 수 있는 가장 이상적인 정보 전달매체는 문자이다. 그런데 발표를 하는 이유는 전달해주고자 하는 정보가 있을 때, 듣는 사람에게 그 주제에 더 관심을 가지도록 하고 변화를 이끌어 내기 위해서이다. 구체적으로 발표는 '무관심을 관심으로 전환하는 동기부여', '모르는 것을 알게 하는 정보제공', '새로운 것을 알고 난 후 결심하도록 설득하기', 더 나아가 '행동으로 옮겨 실천하기'와 동시에 '즐거움을 주기' 등의 다섯 가지의 목적을 가지고 있다. 따라서 유능한 발표자는 듣는 사람들이 느끼는 것을 느끼고, 그들의 견해에 동조하며, 그들이 옳다고 생각하는 것을 행하고, 그들의 경험을 함께 즐기기를 열망한다. 글자로 쓰인 논문이나 책도 그것을 접하는 사람에게 변화를 줄 수 있지만 발표는 그것에 설득력을 더할 수 있다.

지금과 같은 지식을 기반으로 하는 사회에서는 수많은 정보를 소화해서 내가 알고 있고 생각하고 있는 것을 남에게 정확히 전달하는 능력이 더욱 요구되고 있다. 이런 이유로 발표의 중요성은 점점 커지고 있다. 발표를 통하여 전달하고자 하는 내용은 신뢰와 믿음을 가지고 전달해야 하며, 신뢰와 믿음은 철저한 준비와 연습을 통해 효과적으로 전달될 수 있다. 끊임없는 훈련과 노력을 통하여 준비와 연습을 함으로써 발표 능력은 향상하게 된다. '프레젠테이션, 하나의 예술(한정선 저)'에서 '프레젠테이션은 과학이며 예술이다. 과학적인 사실을 예술적으로 전달하는 것이기 때문이다. 전달하고자 하는 과학적인 사실에는 개인의 차이가 많지 않을 수 있으나 예술적인 전달에 있어서는 개인차가 많이 날 수 있다. 따라서 훌륭한 프리젠터가 되기 위해서는 99%의 노력을 기울여야 하며 '6P'를 기억하여야 한다. '6P'란 바로 '**P**roper **P**reparation and **P**ractice **P**revent **P**oor **P**erformance'이다[8]'.

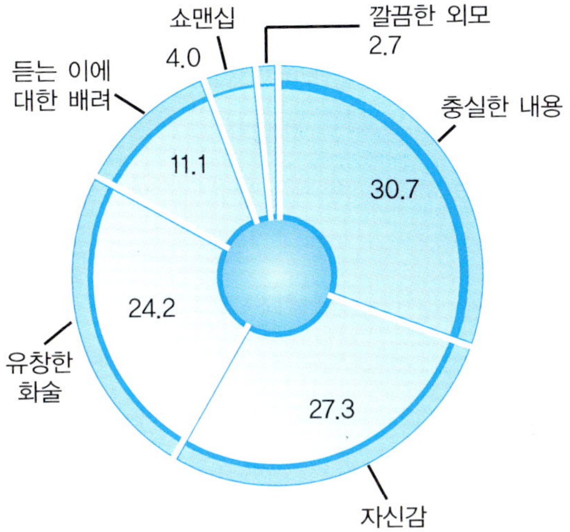

그림 5.2 • 발표를 구성하는 주요 요소

과거 발표는 발표자가 무대 위에서 청중을 대상으로 정보를 일방적으로 알려주거나 가르쳐주기 위해, 또는 생각하거나 설득하기 위해 사용되어 왔다. 이와 같이 과거에는 특정 장소와 시간을 정하고 말하는 사람과 듣는 사람이 뚜렷이 구별되어 발표가 진행되었으나 최근에는 모든 사람들이 언제, 어디서나, 누구에 의해서든지 이루어지는 것으로 바뀌고 있다. 특히 마이크로소프트사의 파워포인트 프로그램은 문서 중심의 발표에서 그림, 사진, 비디오 등을 함께 사용하는 멀티미디어 발표로의 변화를 이끌어 왔다. 또한 소규모 그룹이 강의실이나 사무실의 귀퉁이와 같은 좁은 공간에서 노트북 컴퓨터를 사용한 발표를 통하여 함께 의사소통하는 모습을 보는 것은 드문 일이 아니다. 커뮤니케이션의 효과에 영향을 미치는 세 가지 요소 중 말하는 모습은 55%, 말하는 방법은 38%의 영향을 미치지만 말하는 내용은 7%밖에 영향을 미치지 않는다는 보고가 있다. 이는 내용도 중요하지만, 말하는 방법과 말하는 모습에 대한 준비 없이 발표에 임할 때에는 발표자와 청중간의 효과적인 커뮤니케이션에 문제를 일으킬 수 있다는 사실을 의미한다.

마이크로소프트의 빌 게이츠와 애플의 스티브 잡스는 비즈니스에서뿐만 아니라 발표 스타일의 차이점으로 인하여 자주 비교된다. 스티브 잡스의 프레젠테이션은 빌 게이츠와 무엇이 다른가? 빌 게이츠는 마이크로소프트의 파워포인트라는 프로그램을 사용하고, 스티브 잡스는 애플의 키노트라는 프로그램을 사용한다. 두 프로그램은 많이 다르다. 하지만 여기에서 어떤 프로그램이 더 낫다는 점을 이야기하려는 것은 아니다. 물론 파워포인트는 그 자체가 가지는 형식적 제한점 등이 자유로운 프레젠테이션을 제한한다는 비판을 받기도 한다. 하지만 어떤 프레젠테이션 프로그램을 사용하는 것보다 더 중요한 것은 프레젠테이션을 하는 방식과 모습, 그리고 그 원칙일 것이다. 빌 게이츠와 스티브 잡스의 프레젠테이션은 두 프로그램 차이보다 더 큰 차이를 보인다. 빌 게이츠가 발표하는 슬라이드를 보면 우선 복잡하다는 인상을 주면서 무엇이 핵심인지 파악하기가 쉽지 않다. 반면에 스티브 잡스의 슬라이드는 한 화면에 크게 잡은 한두 가지 개념이 강하게 전달된다. 빌 게이츠는 프레젠테이션을 시작할 때 유머를 던져서 청중을 웃음바다로 만들기도 한다. 그러나 그가 프레젠테이션을 할 때 자세를 보면 두 손을 가슴에 모으고 있는 경우가 많아 다소 경직된 듯한 모습을 보이고 수동적 자세를 취한다. 반면에 스티브 잡스는 활짝 열린 팔 동작을 하면서 적극적이고 능동적인 자세로 청중과 함께 호흡한다. 이러한 자세의 차이는 슬라이드 형식에서도 차이를 보이면서 프레젠테이션의 전체적 차이를 주게 된다[9].

그림 5.3 • 빌 게이츠(왼쪽)와 스티브 잡스(오른쪽)의 프레젠테이션 자료 비교

3.1 발표의 3요소

발표가 이루어지는 데는 발표자, 발표 내용, 즉, 이야기와 듣는 사람의 세 가지 요소로 구성되어 있다.

1) 청중

발표는 다른 사람들을 대상으로 하고 있으므로 상대방, 즉 청중에 대한 이해가 절대적으로 요구된다. 청중이 누구이며, 그들의 관심이 무엇이고 그들이 무슨 말을 듣고자 하는지 등을 확실하게 알고 있어야 한다.

청중에 관해 미리 잘 알고 있는 상태가 아니면, 다음과 같은 점들을 알아내는 것이 발표 준비에 해당될 것이다. 청중의 규모, 소속, 수준(연령, 학력, 경력, 전공), 성별과 남녀 비율, 주제에 관한 견해, 원하는 발표시간, 발표 후 질문하기를 원하는가? 이는 청중들의 기준에 맞는 구체적인 접근 방법을 선택하고 그들의 입장에서 말할 때 호소력을 가질 수 있기 때문이다. 대상이 30명 내외일 때 발표 내용을 잘 이해하고 있는지 질문을 병행하면서 효과적인 발표를 할 수 있으나 그 이상일 경우 청중의 반응을 살피면서 진행하는 것은 힘이 들 수 있다. 단어의 선택, 외국어 사용 등은 청중의 수준에 따라 조절한다. 그리고 발표 속도, 음성, 존칭어 사용 등은 청중의 연령과 밀접한 관계를 가지고 있다. 발표 내용을 청중이 발표자보다 더 많이 알고 있다면 금방 지겨워할 것이기 때문에 청중의 수준을 파악하는 것은 매우 중요한 일이다. 이는 어디까지나 발표의 중심은 청중이지 결코 발표자가 아니며, 발표를 잘 했는지 여부를 판단하는 것은 청중의 머리와 마음 속에서 정해지는 것이라는 사실이다.

청중의 관심을 집중시키기 위한 첫 번째 방법은 이야기의 전개를 정해진 범위 내에 한정하고 지나치게 많은 것을 포함시키지 않는 것이다. 많은 점을 다루기 위하여 단조로운 사실을 나열할 경우, 청중들은 그 이야기에 참여하지 못하고 맹목적으로 끌려다녀 주의 집중을 하지 못하게 된다. 어떤 주제든지 시작하기 전에 발표 내용을 허용된 시간에 알맞게 맞추어야 한다. 5분의 발표시간이 주어져 있다면 한두 가지의 요점을 정한다. 30분 동안에도 5개 이상의 요점은 소화하기가 힘들다.

그리고 발표 주제를 정했다면 주제를 잘 파악하고 또 권위 있게 말할 수 있도록 준비를 철저히 해야 한다. 충분한 시간을 가지고 준비하며, 준비기간 동안에는 주제나 논점 등을 되풀이해서 검토하고 그것과 더불어 생활을 해야 할 수 있어야 한다. 청중이 던지는 질문에 즉시 대답할 수 있도록, 준비를 게을리해서는 안 된다. 또한 자신이 말하고자 하는 논점을 좋은 실례를 들어 설명할 경우 논점을 명백히 하고 흥미를 느끼게 하며 설득력이 생기게 된다. 요점을 줄이고 구체적인 실례를 들어 그 줄인 요점을 보충하면 듣는 사람의 관심을 집중시킬 수 있다. 이야기를 풍요롭게 하는 또 하나의 방법은 눈에 보이도록 하는 표현법을 사용하는 것이다. 손짓, 몸짓, 표정으로 이야기를 시각화하는 것이다. 카네기 멜론대학 랜디포시 교수의 마지막 강의 비디오를 보면, 말기의 암환자임에도 불구하고 자신이 아직도 건강하다는 사실을 증명해 보기 위해 무대에서 엎드려 펴기를 십여 차례 하는 모습을 직접 볼 수 있다. 이 때 청중들은 모두 시선을 집중함으로써 말하는 사람에게 관심을 나타내게 된다.

2) 발표자

발표자는 우선 청중들에게 발표하고자 하는 내용을 명확하게 알려주어야 한다. 앞으로 펼쳐 나아갈 이야기 내용을 소개함으로써 궁금증을 해소하고 기대하게 해준다. 그리고 가능한 한 빨리 청중과의 직접적인 연결 관계를 밝힘으로써 그들과의 일체감을 형성하고 주의력을 끌어 당겨야 한다. 만일 초청의 형식으로 발표한다면 이 자리가 자신에게 얼마나 소중한 것인지 말하는 것이 좋다.

청중의 주의력을 끌어내는 또 하나의 방법은 3인칭인 '그들' 보다는 2인칭인 '여러분' 이라는 대명사를 사용함으로써 발표 도중 청중이 언제나 자신을 의식하게 하는 것이 있다. 청중을 이야기 가운데 등장시킴으로써 청중의 주의를 환기시키고 집중하게 하는 것이다. 그러나 청중을 낮춰보거나 훈계조로 이야기하는 것처럼 보일 때에는 '여러분' 보다는 '우리' 라는 말을 사용하는 것이 더 낫다.

발표자와 청중과의 벽을 무너뜨리고 청중을 발표에 참여하게 하기 위해서는 청중에게 '어떤 역할' 을 맡겨야 한다. 자신이 청중이라는 것을 의식하고 있고 그 중 한명이 발표에 참여하여 '어떤 역할' 을 하고 있다면 앞으로 무슨 일이 일어날 것인지 신경을 집중하고 발표에 '참여' 하게 된다. 그리고 청중들에게 질문을 하고 대답을 하게 함으로써 참여를 유도할 수 있다. 그러나 질문을 할 때는 대상의 생각을 제한하는 '예' 또는 '아니오' 와 같은 단답형의 답을 요구하는 것보다는 대상이 자유롭고 다양한 생각을 펼쳐 나갈 수 있는 질문을 해야 한다. 예를 들면 "도시의 대기오염은 우리의 건강을 훼손시킬 만큼 심각합니까?" 보다는 "도시의 대기오염의 원인은 무엇이고 맑은 공기를 되찾기 위해 우리가 해야 할 일은 무엇인가요?" 라는 질문은 청중들에게 생각을 펼쳐 나아가게 하고 발표에 동참하도록 할 것이다. 그리고 질문 가운데 '왜' 라는 질문은 오히려 청중들에게 불안감을 줌으로써 생각을 제한시킬 수 있으므로 피하는 것이 좋다.

청중의 관심을 이끌어 내는 최선의 방법은 언제나 자신을 낮추고 겸손한 태도를 취하는 것이다. 청중에게 우월감을 표시하거나 교만한 태도를 취한다면 청중의 반감을 사게 된다. 그러나 겸손한 태도는 신뢰감과 호의를 불러일으키며, 최선을 다하는 자세는 청중들의 호의를 이끌어내게 된다.

발표자가 갖추어야 할 필수조건은 활력, 생기, 열정이며, 발표하고자 하는 주제에 감정을 담아야 한다. 자신이 선택한 주제에 진심으로 열중하게 되면 청중들은 흥미를 느끼게 되고 청중들의 마음을 발표자에게 집중시킬 수 있다. 그렇게 하기 위해서는 자신이 오랜 경험을 쌓아온 분야나 깊은 관심을 가지고 있고, 무엇보다도 많이 알고 있고 있는 주제를 선택해야 한다. 자신이 잘 알고 있는 주제를 선정할 때 비로소 자신감을 가지고 발표할 수 있으며, 많이 알면 알수록 그 주제에 대해 더 진지해지고 정열을 갖게 되며 다른 사람의 주의를 집중시킬 수 있다. 따라서 주제로 삼고 싶은 것이 있다면 그것에 관해 더 많이 배우고 책을 통하여 관련 분야의 지식을 축적하는 것이 반드시 필요하다.

그리고 발표할 때 자신이 가지고 있는 열정을 감추거나 감정을 억누르지 말고 얼마나 열심히 이야기하고 싶어 하는지를 청중에게 보여주는 것이 필요하다. 열정을 가지고 발표할 때 청중이 반대 의견을 생각할 가능성은 크게 줄어들게 된다. 청중을 감동시키려면 먼저 자기 자신이 감명받지 않으면 안 된다. 열정이 눈동자를 통해 빛나고 목소리를 통해 울려 퍼지고 태도를 통해 나타날 때 청중에게도 그대로 전달되게 된다. 그러나 아무리 잘 말하고 있다고 해도 진심으로 말하는 것이 아니면 그것은 공허한 겉치레에 지나지 않는다.

또한 발표하는 무대에 올라선 순간 자신은 오케스트라의 지휘자가 되는 것이므로 생생하고 힘차며 얼굴을 들고 늠름한 태도를 취해야 한다. 윌리엄 제임스의 "열의가 있는 것처럼 행동하라. 그렇게 한다면 모든 행동에는 자연히 열기가 뿜어질 것이다"의 말처럼 무엇인가 유익한 이야기를 청중에게 들려주려고 한다는 자신의 모습과 자신이 말하는 바를 얼마나 확고하게 믿고 있는지 청중에게 분명하게 보여주어야 한다.

3) 이야기하기

❶ 목표 설정

발표에 있어서 발표자가 자유롭게 주제를 정한 경우와 정해진 주제를 가지고 발표를 해야 하는 경우로 나뉠 수 있다. 어느 경우든지 간에 주제가 선정되고 나면 발표의 목표를 분명하게 설정하여야 한다. 목표를 설정할 때 발표자는 발표자의 입장에서, 그리고 청중의 입장에서 주제를 서로 다른 두 입장에서 생각해 보아야 한다. 발표자의 입장에서는 "왜 발표를 하려고 하며, 무엇을 전달하거나 알려주려고 하는가?"라고 묻고 청중의 입장에서는 "무엇을 듣고 싶고, 알고자 하는가?"라는 질문에 스스로 답을 해보아야 한다. 발표자와 청중의 입장에서 발표를 하는 이유와 듣는 이유를 종합하여 목표를 설정할 때 성공적인 발표를 할 수 있다. 또한 목표가 확실하게 정해졌을 때 목표를 달성하는 방법도 분명해질 수 있다. 목표설정이 잘못되면 지금까지 준비해온 발표 내용을 수정하여 다시 처음부터 시작해야 하므로, 정확한 목표 설정을 위해서는 충분한 시간과 다양한 방법의 자료조사가 병행되어야 한다. 최종적으로 목표는 한 문장으로 표현되며 이에 따라 발표 제목이 정해지게 된다.

목표를 설정한 후에는 목표를 달성하기 위한 구체적인 준비 작업에 들어가게 된다. 우선은 주제를 시간에 맞게 구성하여야 한다. 짧은 시간에 광범위한 주제를 다룰 경우 핵심 논점을 잃게 되고 청중들의 집중을 유도할 수 없게 된다. 또한 제한된 시간에 끝마치지 못하고 중간에 발표를 중단해야 하는 상황으로 몰리게 되면 당황하게 되고, 전체의 일부만 전달한 상태에서는 발표의 목적을 달성할 수 없게 된다. 따라서 발표는 가장 중요한 주제에 집중하면서 말하고자 하는 요점을 명확하게 제시할 수 있어야 한다.

❷ 발표의 전개

목표를 확정한 후에는 본론이 되는 요점과 세부내용을 개발한 후 서론과 결론 및 요약을 추출해내는 과정을 거치게 된다.

목표달성을 위한 요점을 개발할 때 요점이 너무 많으면 기억하기 어려우므로 'KISS(Keep It Simple and Short)' 의 원칙하에 가능한 간단하고 짧게 준비해야 한다. 주요 요점이 정해지면 듣는 사람이 이해하기 쉽고 논리적으로 무리가 없게 배열해야 한다. 이때 시간, 공간 또는 인과관계에 바탕을 둔 논리적인 순서를 이용해서 발전시킬 수 있다.

칸트는 위의 세 가지를 통하여 인간은 자료를 처리하고 구조화시키게 되며 구조화를 거쳐 저장된 정보는 구조화되지 않은 정보보다 오래 기억이 가능하다고 한다. 시간적인 순서를 따른다면 과거, 현재, 미래로 나누어 생각할 수 있고 구체적인 날짜로부터 시작해서 시간에 따른 진전 상황을 제시하거나 거슬러 올라가면서 생각을 전개해 나갈 수 있다. 특정 제품을 제조하는 공정을 설명하고자 할 경우에는 원료에서부터 시작하여 최종 제품을 만들기까지 거치게 되는 여러 가공공정을 순차적으로 소개하여 구체화시킬 수 있다. 공간적으로는 어딘가에 중심점을 두고 그것을 기준으로 더 펼쳐 나아가거나 특정 방향을 중심으로 옮겨가면서 이야기를 전개할 수 있다[8].

요점이 여러 개인 경우 처음의 요점을 설명한 다음에 다음 요점으로 넘어갈 때 그 사실을 확실하게 지적해주는 것이다. 예를 들면 '첫째로…' 하고 요점을 말한 다음에 다시 '둘째로… '하며 새로운 요점을 전개해 나아가는 것이다. 이렇게 함으로써 이야기를 뚜렷하게 하고 논점을 명확하게 할 수 있다.

자신은 잘 알고 있지만 그 내용을 정확하게 표현하기 어렵거나 복잡한 해설이 필요한 경우가 있다. 이 경우에는 청중이 잘 아는 것과 비교해서 이야기하면 이해에 도움이 될 수 있다. 또는 자신이 경험한 것 가운데 관련이 있는 내용을 실례로 들어 말하고, 구체적이면서도 생생하게 설명하여 말로 그림을 그리듯이 청중의 시각적 상상력을 자극해야 한다.

그리고 발표를 할 때 시각적인 보조 수단을 사용하면 더 효과적으로 의미를 전달할 수 있다. 최근에는 파워포인트를 이용하여 컴퓨터를 중심으로 텍스트, 사진, 음악, 동영상 등이 하나의 매체로 통합된 멀티미디어 발표를 진행할 수 있게 되었다. 시각적인 자극이 청각적 자극보다 25배 정도 주의력을 집중시키는 효과를 가지고 온다고 하니 명쾌하게 이야기를 하고 싶다면 요점을 눈에 보이듯이 묘사하고 생각을 시각화하여야 한다. 발표 시 그래프, 사진과 같은 시각 자료를 사용하는 것은 말로 설명하는 것보다 설득력이 훨씬 뛰어나다[10].

3.2 발표평가표

자료를 바탕으로 발표 연습을 해야 한다. 청중이 되어줄 수 있는 사람이 있어 실제로 앉아서 듣고 평가를 해주면 많은 도움을 받을 수 있다. 특히 아래의 발표평가표를 참고하여 평가를 하면 구체적으로 발표자의 문제점을 파악하고 해결하게 함으로써 더 나은 발표로 이끌 것이다[4].

목 소 리	개선필요 양호 잘함	진 행	개선필요 양호 잘함
1. 목소리 크기는 적당한가?	① ② ③ ④ ⑤	1. 시간을 짜임새 있게 보내는가?	① ② ③ ④ ⑤
2. 말하는 속도는 적절한가?	① ② ③ ④ ⑤	2. 진행을 숨돌릴 여유가 있는가?	① ② ③ ④ ⑤
3. 발음이 똑똑한가?	① ② ③ ④ ⑤	3. 호기심을 유도하는가?	① ② ③ ④ ⑤
4. 목소리에 변화가 있는가?	① ② ③ ④ ⑤	4. 발표 속도가 적절한가?	① ② ③ ④ ⑤
5. 목소리에 생동감(자신감)이 있는가?	① ② ③ ④ ⑤	5. 발표가 끝나고 있다는 것을 느낄 수 있는가?	① ② ③ ④ ⑤
몸 동 작	**개선필요 양호 잘함**	**구 성**	**개선필요 양호 잘함**
1. 몸동작이 의도적이고 적절한가?	① ② ③ ④ ⑤	1. 목표가 확실하게 전달되었는가?	① ② ③ ④ ⑤
2. 서있는 자리를 옮겨 주는가?	① ② ③ ④ ⑤	2. 발표가 여러 단락으로 나눠져 있는가?	① ② ③ ④ ⑤
3. 듣는 사람에게 시선을 주고 있는가?	① ② ③ ④ ⑤	3. 한 가지 이상의 발표 방법을 사용하는가?	① ② ③ ④ ⑤
4. 모든 사람들을 살펴보는가?	① ② ③ ④ ⑤	4. 발표 내용이 서로 연관성이 보이는가?	① ② ③ ④ ⑤
5. 몸 동작의 효과를 극대화하는가?	① ② ③ ④ ⑤	5. 가장 중요한 내용이 부각되었는가?	① ② ③ ④ ⑤
칠판/예시자료(OHP/PPT)	**개선필요 양호 잘함**	**질문, 대답, 반응**	**개선필요 양호 잘함**
1. 잘 보이는가?	① ② ③ ④ ⑤	1. 듣는 사람들에게 효과적인 질문을 하는가?	① ② ③ ④ ⑤
2. 짜임새 있고, 정돈되어 있는가?	① ② ③ ④ ⑤	2. 듣는 사람들이 참여할 기회를 주는가?	① ② ③ ④ ⑤
3. 액센트 효과가 있는가?	① ② ③ ④ ⑤	3. 듣는 사람들이 대답했을 때 긍정적 반응을 보이는가?	① ② ③ ④ ⑤
4. 양이 적절한가?	① ② ③ ④ ⑤	4. 듣는 사람이 잘못했을 때 격려해 주는가?	① ② ③ ④ ⑤
5. 말하는 내용을 중복하지 않고 있는가?	① ② ③ ④ ⑤	5. 듣는 사람들이 질문하도록 유도하는가?	① ② ③ ④ ⑤

4 면접

"면접이란 기업이 미래의 인재를 선발하는 자리이며, 면접에 임하는 젊은이들의 태도는 너나 할 것 없이 진지하고 적극적이었다. 면접에서 대답을 잘 하는 사람들을 보면 우선 '말을 잘하는구나', '순발력이 좋구나' 라고 생각하게 된다. 하지만 같은 질문에 다른 답을 하는 것, 설득력에 차이가 나는 것은 무엇을 의미하는가?............. 그들은 고민을 하고 생각을 한 것이다. 세상과 사물에 관해 자신의 시선을 정립한 것이다. 생각하지 않으면 답할 수 없고, 자기 생각 없이 말하는 건 들어보면 알 수 있다."

-최인아-

대부분의 기업들은 잠재적인 능력과 열정을 가진 사람을 채용하기 위하여 지원자들의 사람됨을 충분히 관찰할 수 있는 면접을 실시하고 있다. 면접시험에서는 지원자가 가지고 있는 능력과 적성이 회사와 어울려 기업의 발전에 도움을 가져올 수 있는지가 합격 여부를 결정하게 된다. 또한 기업은 국제화, 세계화 등 시대 변화에 적응할 수 있는 능력 있고 창의적인 인재를 원한다.

기업이 면접에 커다란 비중을 두는 것은 대학을 졸업할 수 있을 정도의 사람이라면 대부분 어느 정도의 지식수준은 가지고 있을 것으로 판단하고 사람의 됨됨이를 더 중요시하기 때문이다. 면접관은 지원자에게 가정환경, 성격의 장단점, 직업관, 가치관, 취미, 교양, 친구관계, 석응도, 표현력, 상식 등 많은 사항들에 대해 질문을 한다. 성적은 좋으나 비뚤어진 가치관, 인물은 좋으나 뒤틀린 사고방식, 대인 관계를 이끌지 못할 정도의 성격상 결함, 자기소개서에서 나타난 환경, 성격 등이 사실과 다르게 나타날 경우를 대비하여 철저한 면접과정을 거치게 되는 것이다.

기업의 인사담당자 265명을 대상으로 조사한 '면접 탈락대상 1순위' 를 보면 (donga.com, 2003.11.27) 1위는 '두서없이 말하는 횡설수설형' (25.3%), 2위는 '동문서답하는 사오정형' (20.0%), 3위는 '준비 없이 온 임기응변형' (18.5%)이며, 이외에도 '자기주장만 내세우는 독불장군형' (15.8%), '지나치게 과장하는 허풍쟁이형' (14.0%), '지나치게 겸손한 소심형' (6.4%)를 들고 있다. 그리고 23개 기업을 대상으로 조사한 '신입사원 면접 꼴불견' 순위는 '복장불량' (31%), '불량한 태도' (23%), '장황한 자기자랑' (23%)으로 나타났다[11].

면접시 기업 인사담당자들이 주로 묻는 질문으로는(chosun.com, 2006.10.5) '입사 지원 동기', '자기소개', '자신의 장단점', '다른 회사 지원 여부', '어학점수 및 성적이 낮은 이유', '장기자랑을 시키거나', '오늘 술 한잔 하실 시간 됩니까' 등의 돌발질문을 던지고 지원자의 반응에 따라 합격 · 불합격을 결정한다고 한다. 지원자가 갖추어야 할 가장 중요한 요인으로는 '인성' (57%), '경력과 능력' (19%), '어학실력' (16%)을 들고 있다[12].

상대적으로 면접에서 떨어진 경험이 있는 구직자 2천415명이 말한 면접실패의 원인으로 '자신의 실력부족' (27.5%), '떨어진 이유를 알 수 없다' (25.3%), '학벌이 낮아서' (20.6%), '지나치게 과장하거나 소극적이어서' (12.4%), '외모가 뒤처져서' (9.3%), '성(性) 때문에' (5.1%)를 들고 있다. 그리고 면접을 본 뒤 가장 후회하는 것으로(chosun.com, 2005.2.22) '희망연봉을 확실히 이야기하지 못한 것' (25.6%), '회사에 대해 궁금한 점을 제대로 묻지 못한 것' (21.7%), '질문 요지를 파악 못하고 횡설수설한 것' (19.4%), '자기소개를 좀 더 특색 있게 못한 것' (11.6%), '곤혹스러운 질문에 표정관리를 못한 것' (9.3%)으로 조사되었다.

기업 인사담당자의 판단과 지원자의 생각에는 약간의 괴리가 있지만 사전에 철저한 준비를 한다면 어떠한 면접이든 탈락되지 않고 무난히 통과할 수 있다. 면접시험에서의 평가기준은 회사에 따라 조금씩 다르겠지만 일반적으로 다음과 같은 기준을 가지고 있다.

❶ 용모(단정한가, 밝은가, 침착한가)
❷ 건강(질병여부, 신체적 조건은 정상인가, 민활한가)
❸ 사고력(이해력이 빠른가, 판단력이 있는가, 창조력이 있는가, 합리적인 사고를 하는가)
❹ 표현(논리적인가, 말소리가 뚜렷한가, 어휘 구사 능력이 있는가)
❺ 성격(진실성이 있는가, 근면성이 있는가, 자신감이 있는가, 진취적인가)
❻ 조직성(설득력이 있는가, 협동성이 있는가, 책임감이 있는가)
❼ 상식(사회인으로 상식적인가, 올바른 판단을 하고 있는가)

(인하대학교 P&C 팀, "프레젠테이션과 커뮤니케이션, 2005)

4.1 면접 준비

면접은 짧은 시간에 자신을 표현해야 한다는 부담을 안고 시작하게 되어 면접에 대해 두려움을 갖지 않을 수 없다. 어떤 상황이 벌어질지 모른다는 불안감, 대답하기 어려운 질문이 나오면 어쩌나, 돌발 상황에 대처를 제대로 할 수 있을까 하는 것 등이 두려움의 원인으로 볼 수 있다. 그렇다고 미리 겁먹을 필요는 없고 자신을 있는 그대로 충실히 보여주고, 자신의 생각을 명확하고 설득력 있게 면접관에게 전달하면 된다. 평범하고 밋밋한 인상을 남기기보다 강력한 인상을 줄 수 있는 다소 튀는 듯한 면접자세가 더 높은 점수를 받기도 한다.

면접의 첫인상은 중요하다. 처음 본 면접관에게 믿음을 줄 수 있어야 한다. 단정한 옷차림과 바른 말씨는 기본으로 면접 시 유의해야 할 점은 아래와 같다[4].

❶ **젊은이답게 행동하라.** 문을 열거나 의자에 앉을 때 바르고 절도 있게 움직여야 한다. 굼뜬 행동은 면접관을 불쾌하게 한다.

❷ **침착하라.** 긴장은 금물이다. 여유를 가지고 차분히 행동하라. 두리번거리거나 안절부절 못하는 태도는 정서 불안으로 보이기 때문이다.

❸ **예의 바르게 행동하라.** 시선은 면접위원의 가슴에 두고 두 손은 무릎 위에 얹는다. 다리는 꼬거나 벌리지 말고 가지런히 해야 한다. 또한 몸을 너무 의자에 기대거나 손을 팔걸이에 얹는 것은 좋지 않다.

❹ **단순 명료하게 대답하라.** 말꼬리를 흐리지 마라. 접속어 사용은 되도록 줄여라. 특히, "~입니다만", "에~", "결국~"과 같은 표현은 삼가는 것이 좋다. "당신의 장점은?", "우리 회사에 지원하는 동기는?"과 같은 직접적인 질문에는 추상적으로 답변하지 말고 구체적으로 답변하도록 한다.

❺ **결론부터 말하라.** 짧게 핵심부터 서술하라. 너무 긴 이야기는 간결하게 정리하는 능력이 없다는 평가를 받을 뿐이다. 같은 말을 되풀이하는 것은 피해야 한다.

❻ **솔직하라.** 모르는 질문이 나올 경우 차분히 10초 정도 생각한 뒤 여전히 기억이 나지 않으면 "모르겠다"고 공손히 대답한다. "좀 더 공부하겠다"고 말하는 것도 괜찮다.

⑦ **적극적인 자기 PR의 전략이 필요하다.** '이런 가능성을 가진 사람' 이라는 점을 부각시켜야 한다.

⑧ **답변에 있어서는 긍정적인 사고방식을 표현할 수 있어야 한다.** 밝은 성격과 생각이 깊다는 점을 강조한다. 많은 경우 면접에서 나오는 질문에는 '정답' 이 없다. '정답' 자체보다는 답을 이끌어내기까지 사고력, 논리력, 표현력 등을 확인하는 질문이므로 자신의 의견을 조리 있게 정리하여 전달하도록 해야 한다.

⑨ **끈기도 과시해야 한다.** 젊은 세대는 인내력이 부족하다는 평가를 받고 있는 만큼 '나는 조금 다르다' 는 것을 보여준다. 예를 들어 스포츠나 특기 활동을 통해 끈기 있는 활동을 했다는 측면을 부각시키는 것도 좋다.

⑩ **전공분야에 대한 질문도 면접에서 빠지지 않는다.** 자기 것으로 소화해 설명할 수 있어야 한다. '전공과목 성적이 별로 좋지 않은데?' 와 같은 질문에는 변명조로 자기 방어를 하기보다는 중립적으로 담담하게 의견을 밝히는 것이 좋다.

⑪ **기회가 주어지면 적극적으로 물어라.** 패기 있게 보일 수 있다.

4.2 면접시험의 유형

면접은 여러 상황에서 진행할 수 있다. 과거의 '묻고 답하기' 식의 획일적인 면접방식을 탈피해서 새로운 면접 방식이 많이 사용되고 있다[8].

❶ **개인면접**: 지원자 한명씩을 호명해서 면접위원들이 질문하여 응답을 받는 형식으로 가장 보편화된 면접 방법의 하나이다. 지원자의 여러 면을 알아볼 수 있는 장점이 있다. 지원자는 답을 할 때 질문을 한 면접위원이나 특정 면접위원에게만 시선을 주지 말고 면접위원 모두에게 시선을 주며 답을 해야 한다.

❷ **집단면접**: 여러 명을 동시에 세워 놓고 여러 면접위원들이 특정 지원자의 행태를 골고루 알아내는 방법으로 가장 많이 사용하는 면접방법이다. 지원자들은 다른 지원자들과 지나치게 경쟁심을 갖지 말아야 하며 다른 지원자를 경계하는 태도도 삼가도록 유의해야 한다. 다른 지원자에 비하여 세련되고 정확하며 새로운 시각의 답을 전개하는 것이 유리하며, 다른 지원자의 답도 경청하는 태도를 지니고 있어야 한다.

③ **집단토론 면접**: 여러 명이 한 조를 이루어 동일 주제에 대해 토론하는 방식으로 지원자들의 표현력, 조직 적응력, 지도력, 인성 등 종합적인 평가가 이루어질 수 있는 면접 방식이다. 일반적으로 양면성이 있는 주제 또는 결론이 쉽게 나지 않는 주제를 가지고 토론하며, 이때 토론의 장을 혼자 주도하지 않도록 주의하면서 발표하는 횟수와 시간을 조절하도록 해야 한다. 또한 자신의 의견과 상반되는 의견을 가진 지원자를 지나치게 공박하지 않고 주의 깊게 듣도록 하며, 흥분하거나 과격한 언동을 삼가도록 한다. 그리고 주제 이외의 발언은 하지 않도록 해야 한다.

양면성이 있는 주제의 경우에는 상반된 의견을 골고루 수용할 수 있음을 보여주어야 한다. 본인의 입장을 분명히 하면서 본인의 입장과 반대되는 입장의 의견을 듣고 이해하려고 하는 태도를 보여야 한다. 자기가 주장하는 것에 대한 신념에 대하여는 설득력 있게 논리적으로 본인의 주장을 전개할 수 있어야 한다. 결론이 쉽게 나지 않는 주제를 주어진 시간에 결론을 내리려고 무리할 경우에 상대방의 의견을 무시하게 되고, 좋은 의견을 내지 못하는 지원자에게 말할 기회를 주지 않는 실수를 범할 우려가 있다. 그럴 경우 협조성, 조직적응력 등에 문제가 있다고 평가받을 수 있다.

④ **PR(Public Relations) 면접**: 입사지원자가 자유롭게 자신을 표현하는 방식으로 PR면접의 성패는 자신을 얼마나 객관적으로 보느냐에 달려 있다. 자신을 과대, 과소평가하는 사람은 일을 할 때도 무리하거나 소극적이기 쉽다는 게 인사 담당자들의 생각이다.

⑤ **프레젠테이션 면접**: 면접위원이 제시한 주제를 지원자가 나름대로 분석해서 주제에 대한 견해와 문제 해결방법을 발표하게 하는 평가 방식이다. 프레젠테이션 면접의 핵심은 기업들은 경쟁업체를 '전쟁터의 적'으로 간주하고 '적(경쟁사)을 얼마나 알고 있으며 그 적을 물리치기 위한 칼(분석력과 지식)은 얼마나 날카로운가'를 알아보는 것이다.

다음의 표는 PR면접과 프레젠테이션 면접에서 큰 차이를 보여준 두 명의 면접태도와 평가 결과를 보여주고 있다.

표 5.1 ● 면접자 두 명의 면접태도와 평가결과

<table>
<tr><th colspan="5">PR면접과 프레젠테이션 면접</th></tr>
<tr><th></th><th></th><th>A씨</th><th>B씨</th><th>평가결과</th></tr>
<tr><td rowspan="3">PR 면접</td><td>간단한 자기 소개</td><td>'짧게'로 해석해서 출생지와 출신대학 등 이력서에 나온 내용을 되풀이 하는데 30초 소요</td><td>'간단히'를 '핵심만을 요약해'란 뜻으로 받아들임
회사지원 동기, 자신의 업무성향, 장단점, 자기 계발 방안 등 이력서에 없는 내용을 3분 정도로 명확하게 설명</td><td>B씨의 PR 면접 점수는 A씨보다 2배 이상 높음</td></tr>
<tr><td>세련된 포장</td><td>'누구보다 영어를 잘 한다'고 주장</td><td>외국인과 대화에 어려움이 없지만 업무 관련 전문 회화는 성격이 다르므로 보완할 예정</td><td>말 속도와 목소리 크기를 조절하는 것도 중요
면접관들은 B씨에게 높은 점수를 줌</td></tr>
<tr><td>주제</td><td>신 소비자 행태 분석</td><td>액세서리 상품 업그레이드와 브랜드 차별화를 위한 방안</td><td></td></tr>
<tr><td rowspan="2">프레젠테이션 면접</td><td>발표 내용</td><td>1단계: '브랜디즘'이란 무엇인가?
2단계: 'P브랜드의 브랜디즘 해설'
브랜디즘이란 용어를 설명하느라 프레젠테이션용 보고서의 절반 이상을 활용</td><td>경영진이 솔깃해 할 주제란 점이 가점 요인
핵심내용인 액세서리 상품 차별화 방안과 마케팅 전략에 프레젠테이션 시간의 절반 이상을 활용
업체별 장단점을 제대로 분석해 당장 현장에 적용할 만하다는 평가</td><td rowspan="2">핵심을 짚을 것
프레젠테이션 주제는 대부분 전공과 관련된 것
A씨와 B씨의 가장 큰 차이점은 핵심을 짚어내는 분석력
"전공분야에 대한 배경 지식이 없다면 면접에서 좋은 점수를 얻기 어렵다"
"면접실력이 아무리 뛰어나더라도 전공 지식이 부족하다면 발표내용이 실제보다 부풀려졌다는 점이 쉽게 드러난다"</td></tr>
<tr><td>PR 면접</td><td>자료 수집에 공을 들였지만 보고서에 자신의 생각을 담지 못 함
면접관들은 길게 늘어지는 문체와 너무 작은 글씨 탓에 집중하지 못 함</td><td>서술 방식도 돋보였음. B씨는 우선 목차를 통해 프레젠테이션의 밑그림을 선보임
이어서 액세서리 시장 환경을 분석한 뒤 당면과제를 도표로 정리</td></tr>
</table>

참고문헌

1. 안명철 등, 글쓰기와 토론, 인하대학교 출판부, 2009
2. 정진홍, "인문의 숲에서 경영을 만나다", 21세기 북스, 2007
3. 강미은, "통하고 싶은가?", 매일경제신문사, 2004
4. 인하대학교 P&C팀, "프리젠테이션과 커뮤니케이션", 2005
5. 데일 카네기, "카네기 스피치 & 커뮤니케이션", 최염순 번역, 씨앗을 뿌리는 사람들, 2006
6. 데일 카네기, "카네기 인간관계론", 최염순 번역, 씨앗을 뿌리는 사람들, 2006
7. 래리 킹, "래리 킹, 대화의 법칙", 강서일 번역, 청년정신, 2001
8. 한정선, "프레젠테이션, 하나의 예술", 김영사, 2005
9. 이상헌, "빌게이츠와 스티브잡스의 프레젠테이션", 가정의학회지, 28(3), 299, 2007
10. 다카다 다카히사, "제안의 기술-회사가 원하는", 김성빈 번역, 에이지21, 2007
11. http://www.donga.com/fbin/output?f=b0s&n=200311270050&main=1
12. http://www.chosun.com/economy/news/200610/200610050115.html
13. http://www.chosun.com/economy/news/200502/200502220099.html

찾아보기